身边的家电

原理、设计与构造

［日］西田宗千佳 著
顾欣荣 译

机械工业出版社
CHINA MACHINE PRESS

生活中，我们每天都在享受家电带来的各种便利。要实现这些便利，需要依靠各种科学知识以及先进的开发技术。本书以家电产品为单位，逐一向大家介绍各种家电背后所隐藏的科学原理、精巧设计、构造和发展史以及应用的知识和技术，并把一些可以跟别人分享的实用知识提取出来，以“小知识”的形式强调显示，相信了解了这些知识以后，大家会对家电有更深入的认识，从而更科学地使用它们。

本书适合从事家电行业的人员作为入门读物，也适合对家电感兴趣的大众读者阅读。

北京市版权局著作权合同登记　图字：01-2021-4234 号。

图书在版编目（CIP）数据

身边的家电：原理、设计与构造 /（日）西田宗千佳著；顾欣荣译. —北京：机械工业出版社，2023.10
ISBN 978-7-111-73756-8

Ⅰ.①身…　Ⅱ.①西…　②顾…　Ⅲ.①日用电气器具-研究　Ⅳ.①TM925.0

中国国家版本馆CIP数据核字（2023）第170562号

机械工业出版社（北京市百万庄大街22号　邮政编码100037）
策划编辑：黄丽梅　　　　责任编辑：黄丽梅
责任校对：牟丽英　张　征　　责任印制：任维东
北京圣夫亚美印刷有限公司印刷
2023年11月第1版第1次印刷
130mm×184mm・9印张・162千字
标准书号：ISBN 978-7-111-73756-8
定价：49.00元

电话服务
客服电话：010-88361066
　　　　　010-88379833
　　　　　010-68326294

网络服务
机　工　官　网：www. cmpbook. com
机　工　官　博：weibo. com/cmp1952
金　　书　　网：www. golden-book. com
机工教育服务网：www. cmpedu. com

封底无防伪标均为盗版

前 言

在日常生活中，我们没有一天不享受家电带来的便利。从电视机这类娱乐家电，到洗衣机、电冰箱之类的生活家电，再到照明设备或电热水器等房屋附属家电，类型多种多样。这说明电能这种能源的使用是如此便捷，对于我们的生活而言，它已经成为必备的基础资源。

虽说家电必不可缺，但最近这几年里，它们不像之前那么受人关注了。从 20 世纪后半叶开始，我们生活的丰富程度的上升曲线和家电产品在普通家庭中的普及程度的上升曲线是正相关的。

现在，各个家庭都有很多设备，确实很难让人像以前那样关注日常的家电产品。这些家电产品已然成了一种理所当然的存在，和新科技无缘……是不是有人会这样觉得呢?

不过，事实并非如此。

家电产品会帮助我们减轻繁忙的家务劳动，也会增添日常生活的色彩，给予我们很多乐趣，实际上它在各个方面都发挥了很多作用。每个家庭里，可能也有“负责”监控、管理家中十几种家电产品、实现节能省电的设备。

要实现如此繁多的功能，必须得依靠各种科学知识和先进的开发技术。事实上，每天都在不知不觉中发挥作用的任何一台家电，都凝聚了惊人的智慧和先进的技术。

本书的目的就是以家电产品为单位，逐一为大家介绍各种家电背后所隐藏的科学原理、精巧设计以及不同产品的构造以及应用的知识和技术。

家电行业已经有 100 多年的历史。各种相关产品都有它们各自的发展历程，从这个历程中，可以看到家电产品在我们生活中扎根的同时，也在一路改变着日常生活的方式。在本书中，选取了除 IT 设备以外的 14 种家电产品，分门别类地对它们进行介绍。并对与家电相关的产品和管理系统进行了介绍。

家电中所包含的知识有不少会让人一听到就想马上和别人分享。在本书中，把这样的知识点作为“小知识”提取出来，进行了强调显示。

在本书的写作和印制过程中，得到了松下电器产业株式会社（简称松下电器）的全面协助。松下电器是一家涉足从烹饪家电到 AV 设备乃至住宅设备等所有家电领域的制造商。它们的生产设备、工厂和研究设施大多设在日本国内。

想要直接向技术人员或研发负责人咨询各种家电相关的问题，最佳的途径就是向相关的生产企业求助。本书中作为具体示例所介绍的各种产品，其相关信息和资料多数都是由他们提供的。

在拜访各个产品的生产厂家，向实际的研发负责人们咨询的过程中，不断产生很多让我这样一个常年在该领域采访的人也惊叹不已的发现。希望通过本书，各位读者能够感受到家电，这种近在咫尺、集中了各种尖端技术的设备的神通广大之处。

此外，也请大家享受隐藏在研发过程背后的，由技术人员的知识和独具匠心的构思所带来的乐趣。我相信大家了解了这些知识后，一定会对家电产生更多的亲近感，从而更喜欢它们。

西田宗千佳

目　录

第1章

生活中不可缺少的家电

洗衣机

使生活方式发生革命性变化的原动力

曾是奢侈品的象征！

现代日常生活不可缺少的家电中，最具代表性的就是洗衣机。由于手洗脏衣服自古以来就是较为费力的家务劳动之一，因此，为了让这一过程简单化，在电力普及之前，人们就尝试制造了各种各样的洗衣机器。

以电能为能源的洗衣机首次出现在 1908 年。首先在很早就把电力引入普通家庭的美国普及开来。尽管日本在第二次世界大战以前就引进了美国制造的洗衣机，但洗衣机真正在日本普及是从 20 世纪 50 年代开始的。

由于洗衣机最基本的工作原理是借助电动机把衣物在大量的水中进行搅拌，因此无论是过去还是现在，它都属于比较耗电的家电。

小知识

由于 1950 年的时候，功率 100W 以上的家电属于奢侈品，所以在当时，洗衣机成了商品税的征收对象。直到 1953 年该限制被废除后，洗衣机才在日本的家家户户中彻底兴盛起来。

这样的变化也对其他家电的普及产生了非常大的影响，从那以后，洗衣机伴随着日本人的生活方式的变化发生了一系列的进化。

为什么可以去污?

如今，洗衣机的类型多种多样，不同类型的洗衣机采用了不同的结构和工作原理，这其中当然有相应的意义和原因。作为了解其中具体原因的预备知识，我们先来了解一下关于洗衣机的一些基本知识。

洗涤衣物最简单的方式是用水冲洗。仅靠这一步，粘在衣物表面的污垢基本就会掉落。如果衣物表面的污渍能溶于水，只要将衣物放在水中揉搓，污渍就会离开衣物溶入水中。

要去除嵌入布料中的小灰尘和污垢，关键在于揉搓衣物使污垢掉落下来。

有很多污渍仅凭这些方法是无法去除的，其中最典型的就是油污。粘在衣物上的油污里，不仅含有油脂，还含有从人体上掉落的皮脂污垢。因为油脂成分不溶于水，所以一旦粘在衣物上可能怎么也洗不掉。

这时就需要使用洗涤剂了。洗涤剂由具有亲水性的亲水基团和虽然亲水性较差但很容易和油脂结合的疏水基团组成。疏水基团附着到油脂上，再由亲水基团把它们包裹住，然后溶于水中，于是就能从衣物上去除污渍了（图 1–1）。

应该有读者已经注意到了吧？如果单纯只需要把污渍从衣服上去除就可以了的话，那么关键在于大量的水和洗涤剂，

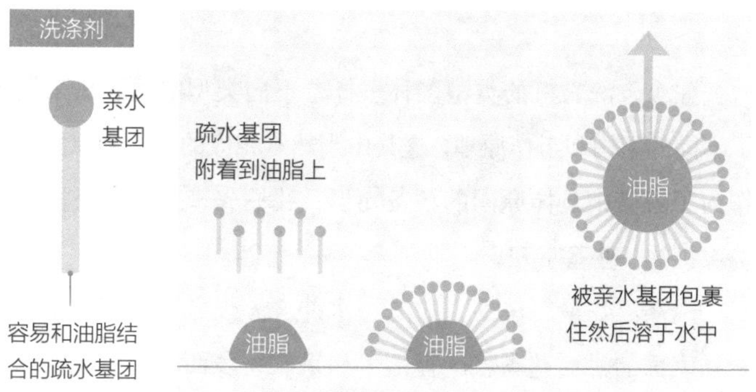

图 1–1　洗涤剂的去污原理

并不关洗衣机的事。实际上，不但在洗衣机普及以前，一直是靠人力来洗涤的，我们现在有时也会选择手洗。

不过，在水中揉搓衣物使污渍掉落是重体力劳动，并且一想到之后还得脱水、晾晒，就更让人觉得头痛。所以在本质上，洗衣机是一种为减轻重体力劳动而诞生的机器，它的主要目的就是为了省力。

人们的生活方式和工作方式不尽相同。在需要省力的时候，以怎样的形式省多少力，这两个问题是非常重要的，所以洗衣机是一种在不同国家，对功能的需求有很大差异的产品。此外，随着日本人生活方式的变化，洗衣机的类型也有很多变化。究竟有什么不一样呢？都发生过哪些变化？让我们来好好看一看吧。

有很多洗涤程序的原因

除了追求省力，现在的洗衣机还必备的一大特点就是节能。水资源和电力资源并不是无限的，所以希望尽可能节能是不需要多说的。洗涤剂也同样，并不是简单地多倒些洗涤剂，清洗效果就会更好，而是有一个根据不同的洗涤量、污渍种类和洗涤剂种类等来确定的合适洗涤环境（图 1–2），参照这样的洗涤环境就能使用适量的洗涤剂达到较好的洗涤效果。由此自然就能节水节电。

洗涤量（干燥布料）	污渍种类	粉末合成洗涤剂			液体洗涤剂
		每 30L 水用量为 20g 的洗涤剂	每 30L 水用量为 15g 的洗涤剂	每 30L 水用量为 25g 的洗涤剂	每 30L 水用量为 20mL 的洗涤剂
约 6.0kg 以下	污渍较多	33g	25g	41g	20mL
约 3.0kg 以下		23g	17g	29g	18mL
约 1.5kg 以下		13g	10g	16g	15mL
约 6.0kg 以下	污渍较少	23g	17g	29g	14mL
约 3.0kg 以下		16g	12g	20g	10mL
约 1.0kg 以下		10g	8g	13g	15mL

图 1-2　各种合适洗涤环境范例

要实现这些“节省”，也并非是肆意揉搓漂洗就行了，还必须依靠得当的设计和精确的控制。现在的洗衣机在设计制造时就充分考虑了这些需求，以使洗涤环境最优化，节省无用功。这一过程中，高端科技就在洗衣机里发挥了作用。

此外，如何更彻底地去污也非常重要。洗涤剂并不是只要溶于水就万事大吉了的物质。以什么样的浓度溶于什么温度的水，去污效果是有很大差别的。在洗涤剂的量过多和过少或者污渍太多的情况下，已经溶解到水里的污渍还有可能再次附着到衣物上。

不同的污渍或衣物的不同颜色与质地，所需选择的衣物洗涤方式或洗涤剂浓度等都是不同的，要实现完美的洗涤程

柔软剂		氧化型液体漂白剂	
每 1.5kg 衣物用量为 7mL 的柔软剂（浓缩型）	每 1.5kg 衣物用量为 20mL 的柔软剂	每 30L 水用量为 40mL 的漂白剂	每 30L 水用量为 30mL 的漂白剂
28mL	60mL	33mL	25mL
19mL	40mL	25mL	21mL
11mL	30mL	17mL	17mL
28mL	60mL	33mL	25mL
19mL	42mL	25mL	21mL
11mL	30mL	17mL	17mL

根据这些数据设置洗涤程序。

序并非易事。洗衣机必须在判断出以何种方式洗涤的基础上，进行最合适的控制和操作。

现在的洗衣机上都设置了各种洗涤程序。有了这些洗涤程序，就能根据上述的种种条件来进行最具针对性的洗涤作业。不过，事实上应该有不少人因为觉得一个一个设置实在太麻烦，就只使用自动模式吧。

现代的洗衣机通过检测内桶旋转时所遇到的阻力大小以及内部传感器来自动判断衣物的量，当内桶干燥时，洗衣机也会检测干燥的情况。此外，洗衣机还能自动借助传感器确认洗涤时水的污浊程度，以控制漂洗的状态。

洗涤的常识取决于文化

现在的洗衣机主要分为波轮式和滚筒式。是不是也有很多人觉得使用传统技术、占主流地位的是波轮式，而凭借新技术兴起的是滚筒式？尤其是滚筒式，自从 2003 年松下电器的斜滚筒式洗衣机投入市场，销量逐年上升。

小知识

但实际上，波轮式和滚筒式的差别与其说是技术方面的，不如说是由不同国家不同生活方式的需求产生的不同洗衣机。在日本，大约 8 成的洗衣机是波轮式的，滚筒式的比例只占 2 成左右。相比之下，在美国和欧洲几乎所有的洗衣机都是滚筒式的。

导致这种现象的原因是什么呢？

在回答这个问题之前，让我们先来了解下波轮式和滚筒式洗衣机的不同之处吧。

波轮式洗衣机里，纵向装着一个筒状的盛水桶，需要洗涤的衣物和大量的水就在它里面旋转着进行清洗。由于里面的水会产生漩涡，所以也称为涡卷式（图 1–3）。这种洗衣机通过急速的水流冲洗，以及冲洗过程中衣服之间的相互摩擦来使污渍掉落到水中。波轮式洗衣机因为这样的工作原理，所以需要耗费比滚筒式洗衣机多得多的水。

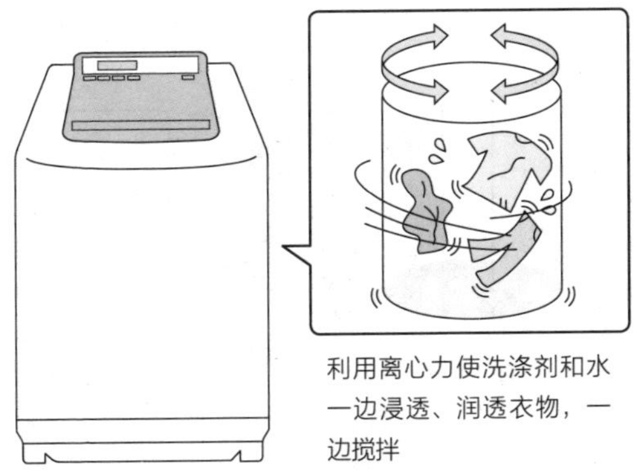

图 1-3　波轮式（涡卷式）洗衣机的洗衣原理　把脏衣服浸到大量的水中，用安装在盛水桶底部的旋转设备来进行搅拌。利用高速旋转时所产生的离心力，使洗涤剂和漂洗用的水迅速彻底地浸透衣物。这是借助机械设备的强力“搓洗”。

而在滚筒式的洗衣机里，横向装了一个会旋转的盛水桶。盛水桶旋转时，沾满了水和洗涤剂的衣物会被举到上方后再摔到盛水桶的底部（图 1-4）。

虽然这两者都是旋转盛水桶，但从衣物上去除污垢的原理却完全不同。

再回到刚才的问题，日本和欧美国家所普及的洗衣机的类型不同的原因是什么呢？

第一是因为尺寸。滚筒式洗衣机由于是“把衣物举起来再摔到底部”的工作原理，所以它对滚筒的直径有一定的要求。

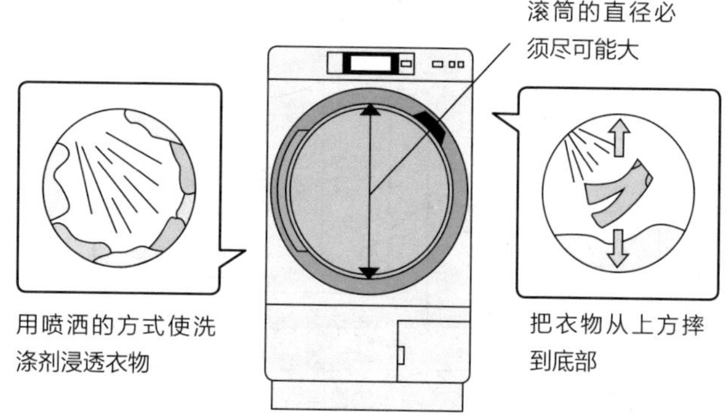

图 1-4　滚筒式洗衣机的洗衣原理　从横向安装着的盛水桶内壁上喷射出洗涤剂，使衣物被洗涤剂浸透，同时进行“搓洗”。每当盛水桶旋转时，衣物会从盛水桶内上方摔到底部进行“拍洗”。

此外，为了保证衣物在盛水桶中能自由活动，也不能让盛水桶塞得太满。而波轮式就不需要那么大的空间。

第二是水质的问题。

小知识

欧美的水主要是含钙和镁较多的硬水，而日本的水一般是钙、镁等含量较少的软水。由于硬水和肥皂的相容性差，欧美的洗涤剂中都加入了软化水质的化学药剂。另外，为了让污垢更容易掉落，欧美多使用温水来清洗。

欧美的洗衣机还有烘干功能。在日本，挂在晾衣杆上的纯白衣物是洗涤的象征，很多人都倾向于尽可能通过日晒使衣物干燥。而在欧美，只有极少数人会选择日晒晾衣，从洗涤到烘干一步到位的洗衣机更受欢迎。鉴于滚筒式洗衣机在构造上更便于加入烘干功能，因此滚筒式洗衣机在欧美比在日本普及得要早。

比起烘干功能，日本更看重空间的节省，所以相较于滚筒式洗衣机，更普及的是波轮式洗衣机。针对波轮式洗衣机，有相关的技术课题专门研究如何将烘干功能紧凑地加入其中。但如果把以日晒来使衣物干燥作为前提条件的话，相比于烘干功能，有助于干燥的脱水功能的优先级变得更高。

鉴于这样的情况，洗衣机经历了由人工手拧式脱水到盛水桶和脱水桶分开进行脱水的发展。波轮式洗衣机的脱水桶上开了很多孔洞，脱水桶旋转会产生离心力，于是其中的衣物会紧贴在脱水桶的内壁上，与此同时，水分也会被排到外部，这属于一种离心分离机。应该有不少人还记得使用这种洗衣机时，在一次洗涤的过程中，衣物需要在两个桶之间往返多次吧。接着，能够自动进行洗涤、漂洗、脱水的全自动洗衣机开始出现，这也是如今的主流类型。

伴随着烘干功能的紧凑化，即使是波轮式洗衣机，也可以是全自动附带烘干功能的洗衣机了。现在几乎所有的高级洗衣机都是全自动附带烘干功能的洗衣机。而在这之前，虽然也出现过滚筒式烘干机和波轮式全自动洗衣机组合售卖的方式，但 2000 年以后都逐渐转变为一体式的机型了。

斜滚筒式洗衣机引发的革命

日本长久以来流行使用波轮式洗衣机，如今正渐渐发生变化。其原因在于生活场景的变化。

特别是在城市里，越来越多的人都住在公寓等集体住宅中，家庭成员人数少，因为都需要外出工作，生活上的空闲时间很少。对于这类人群来说，一方面需要清洗的衣物的数量较少，另一方面，洗涤作业所花时间短，在白天晾晒衣物比较困难。鉴于这些情况，尤其在 2000 年以后，对带有自动烘干功能的洗衣机的需求不断增多。

在如此背景下，产生了具有巨大附加价值的产品，就是斜滚筒式洗衣机。

滚筒式洗衣机会把衣物在浸染了含有洗涤剂的水之后，通过旋转滚筒，以把衣物从盛水桶上方摔到下方的方式，使污垢从衣物中分离出来。由于下落距离越长，效率越高，因此滚筒的直径也很容易倾向于变得更大（参考图 1–4）。

以这样的工作机制为基础，如果把滚筒倾斜一下会怎么样呢？纵深尺寸较小的滚筒能充分地利用空间，实现在较狭小的空间里，也能安放更加实用的滚筒式洗衣机（图 1–5）。2011 年，松下电器发售的小型斜滚筒式洗衣机“松下 NA-VD100L”型洗衣机，具有 60cm × 60cm 的尺寸，可以安放在

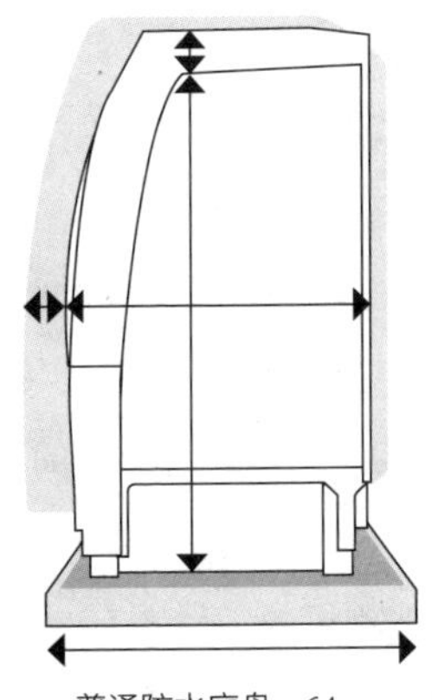

图 1–5　实现了节省空间的斜滚筒式　和普通滚筒式相比，轮廓外形在纵深上缩短了 12cm 以上，达到能容纳进普通防水底盘的尺寸。高度和波轮式洗衣机相同。

和波轮式洗衣机所需的差不多大小的空间里。

斜滚筒式洗衣机虽然能充分利用空间，但因为它的滚筒本身并不大，所以一次的洗涤量有限。不过，随着生活方式的改变，这未必会一直是缺点。

从20世纪60年代到90年代，日本每个家庭的人数都很多，需要清洗的衣物也很多。即便后来发展到了核心家族，为了节约洗涤剂、水和电能，多数人会觉得衣物积累到一定程度后一起洗会更有效率，“一次性的洗涤量少”因为这个情况而一度属于缺点。

而随着技术的进步，洗涤少量衣物，只需少量的水和电，并且在短时间内能完成从洗涤到烘干整个过程的洗衣机出现了。此外，洗衣机工作时的静音化也得到了发展，从而使人们在晚上回家后也能把当天需要洗涤的衣物一并放入洗衣机中进行洗涤。

特别是小型斜滚筒式洗衣机，它属于迎合这种城市型需求而开发的产品（图 1–6）。滚筒式洗衣机在日本从开始普及到现在已经经过了 10 多年，初期购买滚筒式洗衣机的消费者中已经出现需要换购新产品的需求。根据松下电器在 2014 年的调查数据显示，购买了滚筒式洗衣机的消费者有 83% 表示“接下来还是打算购买滚筒式洗衣机”。尽管滚筒式洗衣机

图 1–6　迎合城市型需求的小型斜滚筒式洗衣机

被认为不符合日本的生活场景，但随着针对日本需求的不断改进，滚筒式洗衣机正受到越来越多的人的喜爱。

实现更节水、更快速、更洁净

综上所述，洗衣机无论是波轮式还是滚筒式，在洗涤时都是让盛水桶里的衣物和混合着洗涤剂的水一起运动来进行清洗的。为了最大限度地发挥洗涤剂的威力、更高效地进行清洗，还有许多方面需要研究。

首先是节水。虽然日本的水资源比其他国家丰富，但即便如此，也不是只要把水引入水坝中就万事大吉了。尤其是洗衣机漂洗时会使用大量的水，所以需要一种高效使用水资源的工作机制。

小知识

关于节水，滚筒式洗衣机有根本上的优势。根据松下电器的估算，他们所售卖的滚筒式洗衣机 10 年间节约的水已经相当于黑部水坝的蓄水量（约 2 亿立方米，即约 2 亿吨淡水）了。

其次是速度。欧美款的滚筒式洗衣机是在当溶于温水的洗涤剂完全浸透衣物之后才开始洗涤工作。因此完成整个洗涤过程耗费的时间长。虽然具体的机型之间会有些差异，但欧美款的机型等待含有洗涤剂的水彻底浸透衣物所花费的时间就需 5~10 分钟，洗涤过程本身也以耗时 2 小时的为主。

而在日本，由于选择滚筒式洗衣机的消费者多是为了缩短洗涤时间，因此日本的机型能够更快速地完成洗涤。多数日本国产的滚筒式洗衣机均通过将含有洗涤剂的水喷洒到衣物上来加快浸透速度。

松下电器最新的产品更是把原先喷洒的水变成了泡沫来提高浸透效率。在其内部安装了使含有洗涤剂的水泡沫化的泡沫发生器，采用了将泡沫发生器产生的泡沫吹到衣物上的泡沫净方式（图 1–7）。由于水变成泡沫后能很好地实现浸透，因此在提高洗涤速度的同时，也能使领口等处难以清洗的污渍更容易去除。

长期以来的滚筒式洗衣机都不太擅长洗净泥垢等颗粒型污垢。而如今改良后的滚筒式洗衣机在洗涤时会急速翻转滚筒，让衣物在内部“跳舞”，从而更有效地去污。波轮式洗衣机中的相关设计同样也是根据其内部的水的透明度等来判断污浊程度，通过细致地调节盛水桶的旋转方向和旋转速度来使其中的衣物以最易去污的方式在水中做运动。

当然，并不是只要运动得够剧烈就好了。因为如果过于剧烈地运动，很可能会损伤布料。为了确保在不损伤衣物、不产生褶皱的前提下最有效地去污，让衣物在水中进行无损运动的水流控制就变得非常重要了。

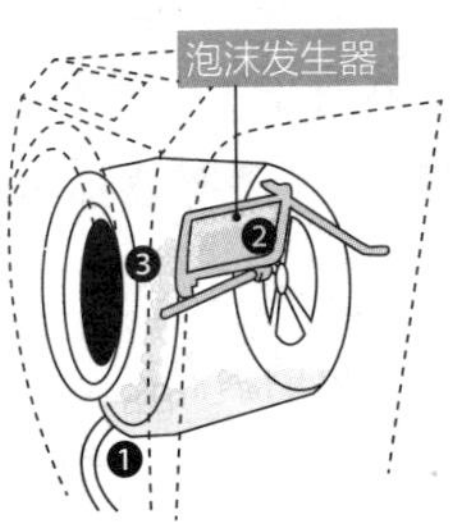

用少量水使洗涤剂起泡，成为高浓度的洗涤液

在洗涤时，洗涤液逐渐变成泡沫

↓

清洁效果也逐渐提高

+

在刚开始洗涤时将稍大的泡沫吹到衣物上

↓

从一开始就发挥出了超高的清洁效果

❶通过循环泵，将洗涤液抽到泡沫发生器里

❷从泡沫发生器的下方喷射出猛烈的风，使洗涤剂起泡

❸把泡沫吹到盛水桶里的衣物上

图 1-7　使用泡沫进行清洗的原理　把洗涤液抽送到泡沫发生器里，接着喷射猛烈的风使洗涤液起泡，最后吹到盛水桶里的衣物上。

该如何选择水温呢?

小知识

从有效去污的角度来说，和欧美一样，日本也越来越多地使用温水清洗衣物。人类皮脂污垢的溶解点在 37℃上下，因此使用温水就能使皮脂污垢更易溶解到水中，从而实现去污。

水管中水的温度在不同季节或生活环境里大不相同。冬天的时候需要给水加热，世界各地都是如此。但即使在夏天，为了保证去污效果，也有可能需要将水加热，比如北海道，因为那里的水温过低。

小知识

水温并不是越高越好（图 1–8），洗涤时的水温一旦超过 60℃，并且还是洗花色衣物的话，就会导致掉色。因此这时应选择洗涤花色衣物的专用程序，它能防止水温过高。

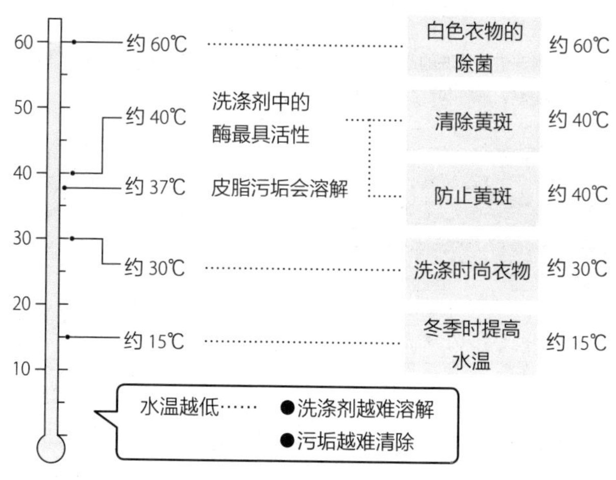

图 1–8　衣物的种类不同，合适的水温也不同

进行烘干时也是同样，热风有可能导致衣物发生变形或尺寸缩小。因此松下电器的设备并没有采用加热器产生高温暖风的方式，而是采用了和除湿器类似的热泵来产生温度为65℃的空气来烘干衣物。这种热泵也应用于空调、冰箱和电热水器等电器中，具体信息请参考相关家电的章节。

此处的重点是，这样的家电中所使用的技术具有通用性，灵活高效地利用热泵的工作机制也有利于制造出好的洗衣机。

不过高温在有些情况下也是必不可少的。比如为了保证白色内衣裤等的清洁程度，进行高温清洗更能提高除菌和清洗效果。为此也有能自动进行一次高温处理的白色衣物专用洗涤程序。

全自动洗衣机上配置了各种各样的洗涤程序，它们不但是为了设置不同的洗涤或烘干的时间，也是为了针对不同的衣物来采取最合适的洗涤方式。这些程序还会根据气候和气温来自动进行一些相应的调节。

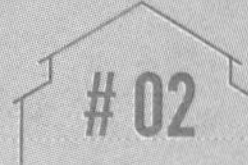

冰 箱

汽化和冷凝的热交换器

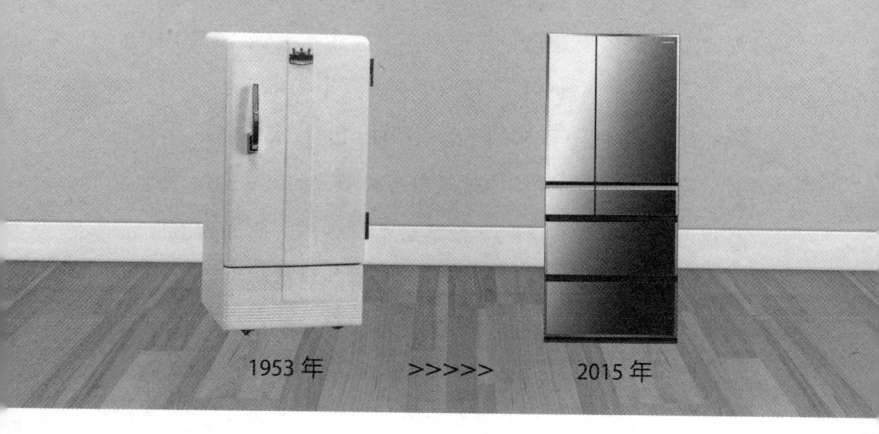

成为家电以前的故事

食物在常温下放置时间久了就会发生腐烂。如果保存在低温环境就能抑制各种细菌的活动以及化学变化，可以保存更长时间。如今，冰箱已经普及到了每家每户，它对我们的饮食生活产生了巨大的影响。

冰箱为什么可以制冷呢？

虽然冰箱早在 19 世纪就已经诞生了，但直到 20 世纪 50

年代前后，人们在家里所用的冰箱还是以将冰块放入其中来进行冷却的为主。换言之，在仅仅 80 年前的时候，冰箱还不属于家电。

现在所使用的冰箱是怎样借助电能来实现制冷的呢？其实依靠电能来实现制冷的关键在于热泵。

通过热泵将热量“赶到”冰箱外

热泵，尤其是在冰箱中使用的热泵，是通过主动将冰箱内空气中的热量“赶到”冰箱外来实现降低冰箱内温度的。

根据以热力学第一定律为人所知的能量守恒定律，热量可以进行转移或转化，但不会消失。因此冰箱制冷只能通过将冰箱内的热量转移到冰箱外来实现。所以使用冰箱时，多少会造成放置冰箱的房间里的温度有些升高。

热泵的工作机制是这样的：

第一，利用物质的相变。所有的物质在从液体（液相）变成气体（气相），再从气体变成液体的相变过程中都会伴随着热量的转移（参考图 1-9）。当气体变成液体时会释放冷凝热，而液体急速地相变为气体时，为了获得汽化热，会从四周的物质中吸收热量。

酒精涂在手臂上时会感觉一凉，正是因为酒精在汽化时从手臂上吸收汽化热，从而降低了皮肤表面的温度。

冰箱制冷时利用了与此相同的原理（图 1–9）。冰箱是通过从冰箱内的空气以及热泵所接触到的金属部件上吸收汽化热来制冷的。吸收了汽化热而产生的气体会循环到冰箱外部，释放热量后再次变回液体回到冰箱内。

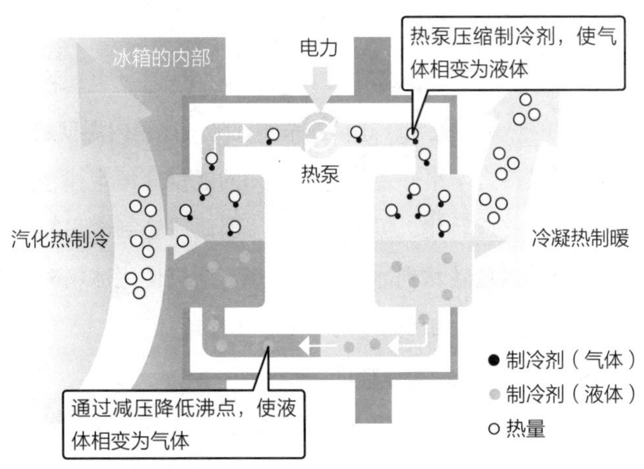

图 1–9　冰箱制冷的原理　使用利用物质相变会吸收或释放热量的热泵。

第二，怎样获取汽化热是关键。汽化热是液体相变为气体时，从四周其他物质中吸收的热量。将水加热到 100℃时水会沸腾（汽化），能发生汽化是因为外部在供给热量。由于热泵是为了获取汽化热而引发相变，所以必须得通过非加热的方式来让液体沸腾。

这种方法就是减压。一旦周围的压力下降，物质的沸点就会下降。在高山顶上，不加压就无法煮熟米饭，原因就在于水的沸点下降导致生米无法煮熟。而冰箱制冷时，首先压缩热泵里的气体，使之液化，然后降低冰箱箱体内的管道中的压力，于是就能使液体在较低的沸点上发生汽化，同时从四周吸收汽化热。在变成气体后，会在下次通过将热量释放到四周后变回液体循环回来。因此，高效地从四周吸收热量，然后迅速释放热量，并再次回到热泵里进行压缩，这样一整套的工序缺一不可。

由于需要施加高压使气体循环，因此热泵在能够高效将热量传导到外部的同时，还必须有坚固的构造。

第三，必须使用能高效吸收热量的物质。经过热泵中的物质用在如冰箱之类的设备中进行制冷时就被称为制冷剂（也称冷媒，用来制热时则称为热媒）。理想的制冷剂必须是能产生大量汽化热，即沸点和露点（气体开始凝结成液体的温度）的差值较大的物质。

冰箱的历史就是制冷剂的历史

从刚发明冰箱的 19 世纪末到 20 世纪 20 年代，一般都使用氨气作为制冷剂。因为氨气在低压环境下易于液化，而且制取也比较简单。不过氨气毒性强，有强烈的刺激气味。液态的氨气尤其危险，处理的时候必须十分小心谨慎。

热泵内部是密闭着的。但无论制得多么坚固，都会有破损的可能性，无法完全防止其逐渐泄漏。因此经过长期使用的冰箱，随着制冷剂泄漏得越来越多，制冷能力也会越来越差。

既然制冷剂气体有可能会泄漏到外部，就必须保证这种气体对人体是安全的，并且容易生产。

于是氯氟烃类物质便应运而生。这是由碳、氟、氯构成的氯氟碳化物，由通用汽车公司和杜邦公司于 1928 年研制成功并开始用作家用冰箱的制冷剂。顺便一提，这种制冷剂的商标名是氟利昂，氯氟碳化物是在日本的俗称。

氯氟碳化物生产过程简单，并且化学性质非常稳定，对人体和其他物质也很难造成伤害，被认为是十分理想的制冷剂，得到了相当广泛的应用。到 20 世纪 80 年代为止，它不但被用作冰箱的制冷剂，也被用作空调的制冷剂，此外，在聚苯乙烯泡沫的生产以及家电产品的印刷线路板的清洗等各种产业领域里也会使用到它。

日本特有的问题

但到了如今，和在 20 世纪一直使用的氯氟碳化物类似的物质几乎都不能再使用了。因为有科学家指出氯氟碳化物气体含有会破坏大气层上层的臭氧层的物质。科学家将破坏臭氧层的可能性较高的物质称为特定氟利昂。

氯氟碳化物是极其稳定的物质，在上升到大气层上方的臭氧层的过程中，它的性质基本不会发生变化。科学家发现特定氟利昂会在臭氧层中因紫外线的照射而分离，从而产生很多臭氧和极不稳定的物质，这些物质会立刻对臭氧层本身造成破坏。臭氧层遭到破坏后会导致照射到地面上的紫外线的量增加，使皮肤癌或结膜炎等病例增多。

从 1988 年开始，日本对具有可能破坏臭氧层的特定氟利昂类物质的使用制定了相关法规，到了 1996 年又全面废止。现在冰箱中已经完全不使用氯氟烃类的物质，越来越多的产品都是使用丁烷（R600）或者异丁烷（R600a）。

丁烷作为一种碳氢化合物，原本就存在于自然界之中。之前都放在怀炉里使用，是一种可燃性气体，它除了作为制冷剂的能力非常出色，还不会对臭氧层造成影响，也不易加重温室效应。欧美先于日本采用这种制冷剂，因为日本的冰箱中存在一个问题，导致迟迟没有实现该制冷剂的普及。

日本的这一特有问题，大家能想到是什么了吗？

小知识

这个问题就是冰箱的除霜功能。由于日本高温潮湿，冰箱里很容易产生冰霜。以前的冰箱里会积满大量的冰霜，需要定期除掉，而现在的冰箱里都配置了借助加热器的除霜功能，不会再发生这样的问题。

可是在同一台设备中还安装着加热器对于使用可燃性气体会造成阻碍。因为在使用丁烷的冰箱里，必须保证除霜功能所使用的加热器在将温度加热到刚好能足以溶解冰霜时却又充分低于丁烷的燃点。

食材对冰箱外形的影响

冰箱并不是只要能制冷就好卖的产品。消费者对冰箱在设计和体积等方面的考量，相较于其他家电产品也占了更大的比例。如果说“最能显著体现出生活变化的家电产品就是冰箱”应该也不为过。这种现象当然和技术上的革新是分不开的。

在冰箱开始普及的 20 世纪 60 年代之前，人们都是只购买当天所需要的食物。因为生鲜食品很容易腐烂，而冷冻食品还尚未普及，并且那时还没有巨型超级市场，所以很少有人会批量购买食材。

后来随着物流行业得到发展，生活方式发生了变化，一方面一次性购买一定量的食材比每次购买少量的食材更实惠、更方便。另一方面，冷冻食品的质量也有提升，因此冰箱里储藏的食物量大幅增加。

由于这个原因，对大容量冰箱的需求开始增长。在满足这类需求的过程中，冷冻室和果蔬室在冰箱里的位置也发生了变化。

正如前文所述，冰箱是借助热泵来冷却箱内空气的。在这基础上，为了防止食物升温，冰箱内部还铺设了隔热材料。尤其在 2000 年前后，用于冰箱的隔热材料得到发展，使冰箱的节能性以及储藏空间得到进一步的提升。

在过去的冰箱和现在的冰箱之间是有一个明确的分界点的。即把什么保存在冰箱的哪个位置。

20 世纪 80 年代以前，冰箱结构一般都是最上方为冷冻室，冷冻室下方多为冷藏室，位于最下方的是果蔬室。这是基于冷冻室使用频率低，而果蔬室也不会塞入那么多果蔬的考虑设计的。

不过，随着冷冻食品种类的增多，人们在购买冰淇淋时也已经习惯了整盒的家庭装，从冷冻室里存取食物的次数成倍增加。另外，囤购蔬菜的人也越来越多，制造商不断收到来自消费者关于“果蔬室储藏空间太小，不好用”的抱怨。

于是应消费者的要求，越来越多的制造商进一步扩大了果蔬室的储藏空间，并将冷冻室移到了易于存取的从下往上的第二个位置。

冷冻室的位置调整其实是个难题

小知识

也许会让人觉得料想不到，其实冷冻室并不是想设置在冰箱内哪个位置就能设置在哪个位置的。设置冷冻室位置取决于热泵的冷凝器设置在哪个位置。

热泵一直以来都是安置在冰箱的最上方，在它下面安放着冷凝器（图 1-10）。因为冷却了的空气会从上方流动到下方，所以安置在最上方是冷却效率最高的。但根据实用性方面的需求，正是要改变这样的设计结构。

为了实现冷冻室下移这一目标，需要在保证不会影响周围空气冷却的前提下，改进有史以来一直所采用的隔热机制。这项技术革新使得冷冻食品的存取变得更为轻松。

而要扩大果蔬室的储藏空间还有赖于其他方面技术的突破。

很长时间果蔬室都是只占了冰箱底面积的一半，即只能使用一半的深度（现在有些冰箱也仍然是这样设计的）。因

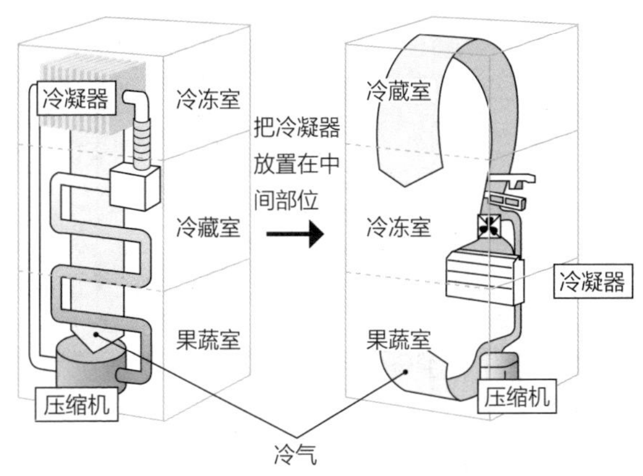

图 1–10　通过冷凝器的位置变更成功实现了冷冻室位置的转移

为热泵里的重要部件——压缩机安置在了冰箱底部。

压缩机体积大，而且很容易产生噪声和振动。即便是为了降低冰箱重心，保证其安放时的稳定性，也有必要将压缩机安置在冰箱底部。正是这一部分的体积占据了果蔬室的储藏空间。

于是就出现了把压缩机安置在冰箱最上方的结构形式（图 1–11）。借助这一形式，可以让出更多空间给果蔬室。原本手就很难伸到冷藏室最上方的最深位置，使用起来比较麻烦。应该谁都有这样的经验吧，就是完全忘了买来后存放在那个位置的食物，直到过了保质期。

将压缩机安置在这样一个几乎可以说是无效空间的位置，应该不会有人认为不合适。在实现压缩机顶置的过程中，虽

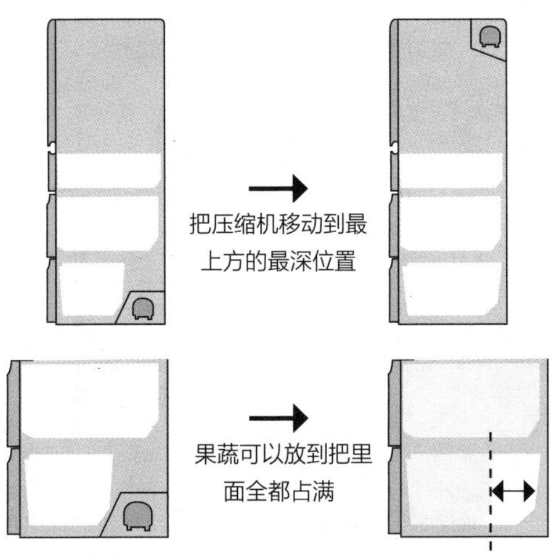

图 1-11　改变压缩机的位置　不仅成功扩大了果蔬室的储藏空间，还成功利用了最上方最深位置的无效空间。

然在技术上需要想办法缩小压缩机体积并减少振动，但是一旦做到了，扩大果蔬室的储藏空间就不再是个梦想。

精心设计的食材抽屉

对果蔬室所进行的改进并不只是扩大了储藏空间。事实上，这一改进使冰箱在易用性方面也获得了很大的提升。

大家对以前的果蔬室是不是有过这种不满？

“虽然能把蔬菜往里放，但放在里面的蔬菜很难看见。等想起来的时候都已经腐烂了。”

因此改变这种结构非常必要，要使扩大储藏空间后的果蔬室抽屉能最大限度地拉到眼前，这样放在最里面的蔬菜也能很容易看到。可能人们会觉得这一改变非常简单，但其实却相当有难度。因为制造顺滑的抽屉滑轨非常不容易。

松下电器在设计果蔬室和冷冻室的抽屉时，采用的是每根都由 48 颗滚珠组成的滑轨（图 1–12）。这种是原本用于组合式橱柜、实现了扩大抽拉范围和能轻松抽动的滑轨。

图 1–12　由 48 颗滚珠组成的滑轨　这种滑轨应用了组合式橱柜的结构，实现了扩大抽拉范围。

小知识

根据研发负责人的叙述，在将这种结构应用于冰箱时，发现了一个问题。使滚珠顺滑滚动的润滑油会在低温下凝固而导致滚珠无法滚动。研发人员找出了即使低于冰点也不会凝固的润滑油，才制作出了顺滑的抽屉。

研发团队在研发果蔬室的抽屉滑轨时还尝试了一种方式。抽屉的滑轨通常都安装在上侧，因为这样便于制造生产。但这种设计会导致在滑轨下方无论如何都会产生一个无效空间（图 1-13）。为了有效利用这个空间，将滑轨设计到了抽屉的下侧，由此更进一步扩大了储藏空间。

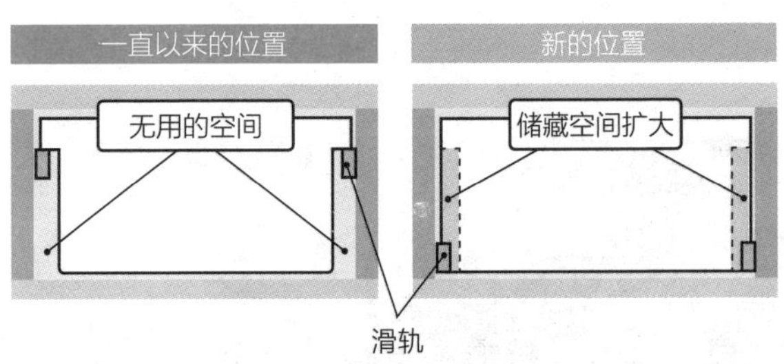

图 1-13　通过改变果蔬室滑轨的位置成功进一步扩大了储藏空间

曾经“毫无人气”的功能复活

如果关注到某个功能，就可以从中了解到一个需求变化方面有趣的现象。在 20 世纪 80 年代中期，松下电器（当时，白色家电以“National”作为品牌名）大力宣传了一种叫作微冻的功能。所谓微冻，是指继冷冻、冷藏和冰温之后的第四档保存方式。

一般来说，冷冻温度是 –18℃。冷藏温度是 4℃。冰温是水变成冰的 0℃。冰淇淋或速冻食品都适合冷冻，而不可冻结的食物就冷藏。此外，并不至于到冷冻保存的程度，只想保存在刚好开始有些冻结的温度中的食物就选择冰温。

微冻是比冰温还低，约 –3℃的设定温度。在这个温度的环境中，食物中的水分虽开始冻结，但食物整体却保持在没有完全冻结的状态。可以说这是一种稍微有些冻结的状态，它的好处之一就是烹饪时不用等它解冻。在保鲜方面也有它的独到之处，购买回家的肉或鱼放入微冻室保存，即使过一个星期也仍然可以烹饪食用。

National 在 1986 年把微冻作为主打功能的重中之重进行了推广。不过，来自消费者的反应却给松下电器泼了一头冷水。有人毫不留情地评论说“根本不可能发生将食物买来存放一个星期后再烹饪的情况”。

之所以会这样，是因为当时的人们囤购食物的机会尚且有限，在普通家庭里，冷冻或微冻功能的使用频率还比较低。松下电器也在几年前曾一度取消了冰箱所搭载的微冻功能。

但现在的情况已经完全变了。随着只有周末去囤购食物的家庭不断增加，既能保证肉和鱼类食材的新鲜度，又不同于冷冻、无须解冻就能直接进行烹饪的微冻功能反而越来越受欢迎。

与饮食相关的人类活动的变化就这样给冰箱功能的变化带来了巨大的影响。由于全球气候变暖的影响和热岛效应的产生，盛夏季节中的酷暑日逐年递增，越来越多的人为了预防中暑，会把 500mL 的瓶装饮料冷冻后随身携带。为了应对这一需求，有些冰箱专门设计了易于饮料瓶以直立状态存放的冷冻室。

小知识

此外，冰箱还有让人意想不到的使用方法，就是用来保存米或面粉。一般都不会想到用冷冻的方式来保存这两种食材，但如果从维持新鲜度的角度来考虑，降温保存比普通保存更容易保持新鲜状态不难想象。据说通常情况下，碳水化合物在冷藏的 4℃左右时是口感最差的，所以要借助温度比这更低的冷冻功能来保持新鲜程度和味道口感。

由于这类食材不像肉类、鱼类以及蔬菜富含那么多的水分，因此在拿出来使用时也不必解冻。如果你特别喜欢香甜松软的米饭或蓬松可口的面包，不妨考虑将这两种食材冷冻保存一下试试。

\# 03

吸尘器

仅凭吸力无法衡量它的实力

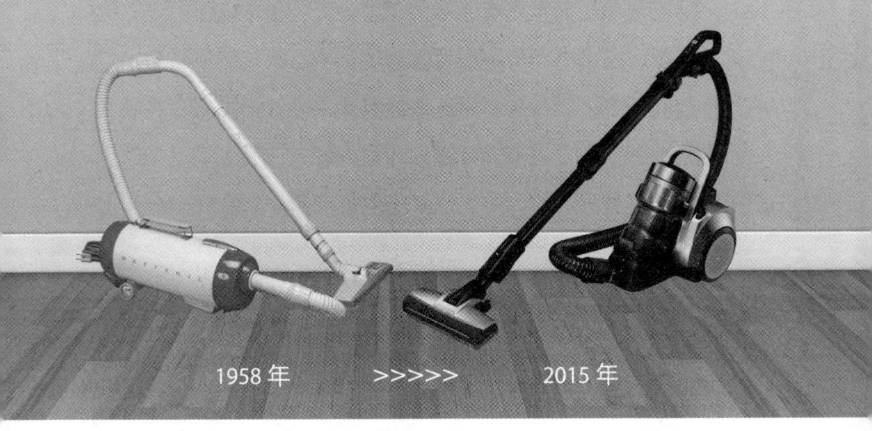

吸尘器的出现比我们以为的要早得多，美国和英国在 20 世纪初就已经在市场上出售了。在全世界范围内真正开始普及吸尘器是在第二次世界大战后的 20 世纪 50 年代。从欧美多数家庭内都有难以打扫的地毯开始，经过了和战后的经济成长同步急速发展起来的电气化，吸尘器最终在日本也成了一户一台的家电。

如今又出现了小型的车用吸尘器或者被子专用的吸尘器等，吸尘器的适用范围在不断扩大。

垃圾分类反映了吸尘器的发展史

尽管吸尘器问世已有100多年了，但其基本工作原理始终都没有变。通过电动机等引发剧烈的气流，将垃圾或灰尘同空气一起吸进去之后，分离出这些垃圾或灰尘并积攒留存在吸尘器内部（图1-14）。在这100多年时间里，改变了的只是产生吸力的方法和吸力的大小，以及将垃圾或灰尘从空气中分离出来的方法。

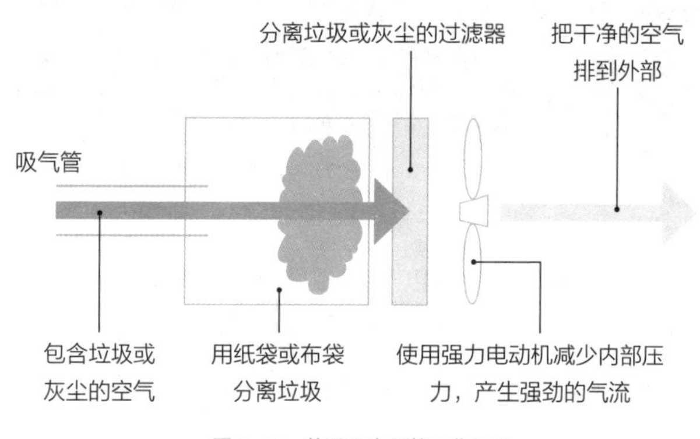

图1-14 普通吸尘器的工作原理

一般我们所使用的吸尘器都是借助电动机的旋转产生气流，在内部制造出一个低压环境，于是外部空气就会流进内部，从而不断产生强烈的气流。由于这种机制会使空气压力下降，所以也有人称这类吸尘器为真空吸尘器，但其实并没有产生真空，只是空气压力下降了而已。

无论哪种吸尘器，工作原理基本都是产生气流，并且电动机是吸尘器的心脏。其目标就是在家庭用电的环境限制中，更有效地产生强劲的“风”。因此在家用吸尘器中也会采用功率极大的电动机，而这类电动机的发热也是非常严重的。

小知识

吸尘器的电动机和其他设备的不同，必须能在短时间内进行超高速旋转。如果是电动工具的话则更讲究转矩的大小，或者空调的话，更追求以一定的强度长时高效地旋转。

但吸尘器的电动机所要求具备的是与这些完全不同的特性，因此吸尘器的电动机都是专门设计的，不与其他设备通用。一般情况下，吸尘器电动机的转速约为每分钟 3 万～4 万转，以每分钟 3 万转来说，也是普通电风扇转速的 20 倍。高速旋转时，电动机会发热，使用寿命会缩短，而吸尘器里会通过将用来吸入垃圾的风吹到电动机上使其冷却，从而达到延长电动机使用寿命的目的。

吸尘器的发展除了在电动机方面得以体现以外，在垃圾分类的方法上也有体现。

最初，吸尘器的布袋和机身是分离的。当空气通过布袋时，无法通过布袋口的垃圾就会被分离出来留在袋中。这种分离法的缺点在于比袋口小的灰尘、螨虫以及霉菌孢子等会被漏掉。通过在袋口安装过滤器进行改进，和空气一起跑出来的小灰尘的数量确实减少了很多，但距离完美还相当远。

还有，在倒垃圾时必须把布袋清理干净这件事也相当麻烦。此外，由于在每次使用时布袋都会产生一些磨损，因此会造成吸尘器内部很容易变脏而导致吸力变小。

这一类型吸尘器的改良型是纸袋式。把吸尘器的布袋换成纸袋的想法可以说是从一个类似于“哥伦布竖鸡蛋”般的故事中产生的。布袋式吸尘器的问题是布袋的保养比较麻烦，以及小灰尘会漏掉。而纸袋式吸尘器的纸袋本身就起到了第一阶段里的过滤器的作用，因此和布袋相比，灰尘能更好地留在袋内。而在扔垃圾时可以连同纸袋一起扔掉，因此也不必再清理吸尘器内部了。

使用布袋式吸尘器，在倒垃圾时必然会看到里面的垃圾，使用纸袋式吸尘器就能避免看到垃圾，直接换上新纸袋就能继续使用。纸袋式吸尘器的出现使吸尘器的使用变得更简单且清洁效果更好。

但是，纸袋式吸尘器也有缺点。第一，必须使用纸袋这样的消耗品。每个厂家每款产品的纸袋的规格都不同，需要常备。用完就扔这种方式谈不上环保，还增加了开支。第二，纸袋内的垃圾一旦满了，吸力就会变小。和布袋一样，纸袋内部因垃圾增加会导致空气流量减少，也会使吸力逐渐变小。

纸袋被塞得越满，垃圾就越塞不进去，虽然在生产商指定的周期内更换纸袋，可以使吸尘器的吸力下降程度维持在尚能使用的范围内，但有时却并不理想。特别是在粉尘很多的地方，更容易导致袋子的气孔被堵塞。虽然使用更方便了，但另一面，也开始有“换纸袋太麻烦了”之类的抱怨。

于是后面就出现了气旋式吸尘器（图 1-15）。气旋式吸尘器降低了对纸袋这种过滤器的依赖程度。在气旋式吸尘器内部，气流呈螺旋状运动，由此产生的离心力会把垃圾、灰尘从空气

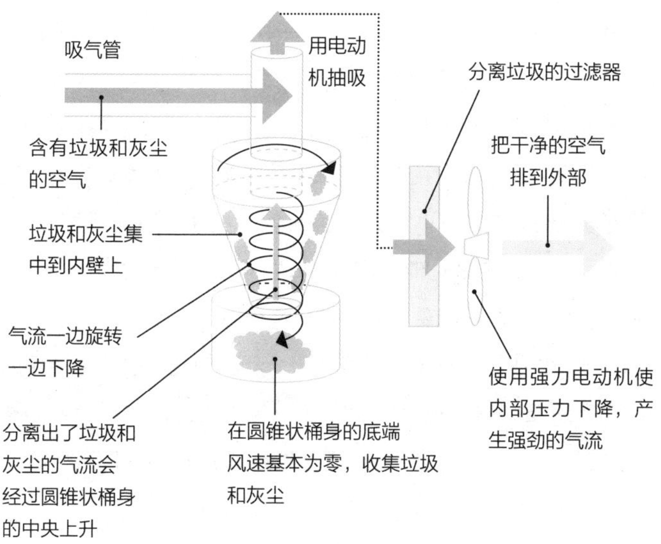

图 1-15　气旋式吸尘器的工作原理

中分离出来。气旋替换了原本纸袋所起到的过滤器的作用。

被分离出来的垃圾或灰尘会进入叫作集尘桶或者尘仓的地方。集尘桶多用透明塑料制成，垃圾收集满了之后，能比布袋更容易地倒入垃圾袋里。由于不再依赖纸袋这样的过滤器，吸力的变化不会那么大，很轻松就能长期维持在一个比较强的状态。环保和吸力不易下降这两点都受到了来自消费者的好评，不少制造商近年来开发的一些高级机型也采用了气旋式。

当然，气旋式吸尘器也并不是完美无缺。首先，只靠气旋是无法完全分离灰尘的。因为仅凭气旋难以分离出极其细小的灰尘，导致必须装入其他的过滤器来进行过滤。所以，必须每过几个月就对过滤器进行一次清洗维护。尤其是在多粉尘场所里使用且使用频率较高的话，纸袋式吸尘器会比气旋式吸尘器更实用。

其次，在每次使用时都必须倒掉吸尘器里的垃圾这一点比较麻烦。倒垃圾时细小的灰尘容易扬起也是待解决的问题之一。除此之外，气旋发生部位的压力损失很大，因此也有吸力慢慢减小的倾向，如今随着技术革新，这种现象正逐渐改善。

综合以上这些原因，纸袋式吸尘器到现在仍被广泛使用，是一种能和气旋式吸尘器共存的产品。如果在购买时不知选择哪种，建议不妨从是否介意在倒垃圾时看见垃圾和要打扫的场所是否属于粉尘比较多的场所这两方面来考虑。

吸尘器“生命”的一半是吸嘴

小知识

吸尘器清除垃圾的能力通常用吸力强度来表示。但吸力强或弱其实是一种模棱两可的表达方式。

吸力用吸入功率的值来表示。这个值是 JIS 标准所规定的吸力标准，是将吸尘器所产生的风力和真空力（表示残余在吸尘器内部的气体的压力是多少的值）以及常数（0.01666）相乘而得的值。在日本，虽说这个值越大就意味着吸力越强，但和实际使用时的状态多少还是有点出入的。

在不同的国家，使用吸尘器的方式也各式各样。在美国，人们重视是否易于打扫地毯。欧洲则多在平整的地板上使用，人们更注重吸嘴（吸入口）对地板的吸附力的强弱。而在日本则重视在打扫从地板到地毯乃至榻榻米等多种地方时，是否都用得顺手。

比如当我们想要吸掉地毯上的大量灰尘时，会令人意外地对吸尘器本身的吸力强弱要求并不高，而是更看重如何使用吸尘器吸嘴上的刷子把灰尘刷出来。很多现代的吸尘器都会在吸嘴上内置一个电动刷子，其原因就是这样能更有效地将灰尘从地毯等物品上清除出来。

在对地毯清洁能力要求较高的美国市场，吸嘴上的刷子的清除能力比吸力更重要。日本也同样，为了应对各种环境的清扫需求，各大生产制造商对吸嘴上的刷子从形状到旋转的方式都付出了很多努力。虽然最容易引人注意的是吸力，但吸尘器“生命”的一半是吸嘴。

地板或地毯上的灰尘并不是只要强力旋转刷子部分就能去除的。尤其是地板，细小的灰尘会因为静电作用而吸附在地板上，有很多都不是靠大吸力就会掉下来的。粘在塑料垫子上的垃圾只要不去擦就怎么也不会自行掉落，也是这个原因。遇到这种情况时，有些吸尘器会采用旋转刷子产生负电子来和多数带正电的灰尘电荷中和，以此除去因静电吸附在地板上的灰尘。

刷子部分的设计并不只是追求刷出垃圾。比如地板上的光线比我们想象的要暗，有些尘土或灰尘即使在地板上聚集起来了也很容易被忽视，因此设计人员在刷子头上安装 LED 灯来照着地板，从而使尘垢更容易被发现，于是地板就能被打扫得更干净。或者在从刷子延伸出来的软管中安装传感器来测算空气中的灰尘量，使是否打扫干净可视化等，设计人员在刷子部分付出了很多努力。

据松下电器的研发负责人说，他们生产的吸尘器所采用的管内传感器，借助红外线，连 20μm 左右大小的灰尘都可以检测出来。螨虫的粪便或尸体的粉末、花粉等常见的家庭灰尘等都在能被检测出来的范围内，只要通过软管的空气中几乎不含有这些物质，那么就可以认为这个地方已经彻底打扫干净了。

特别针对吸尘器提出的要求

吸尘器具有一个和其他家电大相径庭的特点，即使用过程中需要在家里到处移动。其他家电多数都是位于屋内的特定位置，只有吸尘器是边移动边工作。这个情况看起来理所当然，平时我们也不会特别留意到这一区别，但事实上，正因这一区别，使得对吸尘器有对其他家电没有的要求。

特别是对日本的吸尘器来说，重量轻是被强烈要求的。因为带着吸尘器到处走动会很费力，且不说居住在公寓或平房里的家庭，家里房屋是两层楼或三层楼建筑的也并不少见。对于这样的家庭来说，“拿着轻松 / 可移动”是必备条件。

小知识

其实在这个方面，不同国家之间也存在文化差异，日本的主力机种和国外的主力机种的外观也是不一样的。日本的吸尘器主要是吸嘴上带着长长的软管，拖着机身移动的卧式吸尘器，而国外多使用吸嘴和机身直接连接在一起、呈棒状的杆式吸尘器（图 1-16）。

卧式吸尘器由于是拖着机身的构造，体积必然较大，但是凭借着机身底部的滑轮等方面的精心设计，使得在使用过程中几乎感受不到“它很重”。另外，安设在吸嘴上的刷子部分由电力驱动，只需很小的力就能使用，因此它具有轻轻

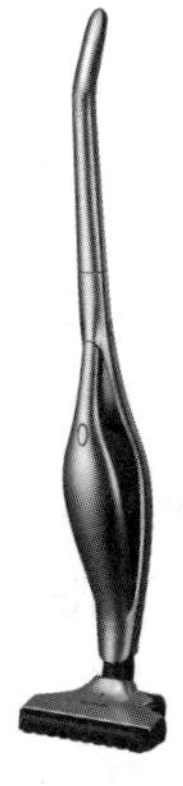
图 1-16　杆式吸尘器

松松就能打扫干净的优点。

而杆式吸尘器具有可以靠在墙角等地方从而节省收纳空间和构造简单等优点。但是要保证这种吸尘器吸力强并能长时间使用，就很难避免体积大和重量重。在日本，主要是微型吸尘器采用杆式结构。

在追求轻型吸尘器的日本，同时还对吸尘器有“无线”的要求，这也是和其他国家不同的特点之一。把吸尘器设计成无线，等于使用电池工作，这其实是一个困难重重的挑战。如果只是用于打扫车内或桌面上的微型吸尘器的话并不是问题，但如果是用在普通家庭中打扫，对吸力要求又很高的话，电池的供电量经常就会显得不足。

如本篇开头时所说的，吸尘器电动机的转速远远超过其他电器产品，达到每分钟 3 万～4 万转，所以必须得有高功率的电池。普通交流电驱动吸尘器时，最大必须提供 1000W 的功率。如果是电池的话，即便只达到交流电的一半（500W），也需要具有输出超过 50V 的电压以及 10A 的电流的能力，这方面的要求和数字设备或电动汽车也是不同的。

因此，真正用电池驱动的无线吸尘器需要使用特殊的电池。松下电器在研制开发无线吸尘器的同时也自主研发了吸尘器专用电池。

扫地机器人的职责

关于无线驱动的清扫，另辟蹊径的是现在正越来越常见的扫地机器人（图 1-17）。扫地机器人的吸力不如普通的吸尘器强。底盘上带着轮子的机器人在房间里到处移动，从大部分的地板带走灰尘，这里的大部分是关键，因为墙角的灰尘以及体积较大的垃圾等并不包含在内，即并不是房间里所有的垃圾都能被带走。

不过，并不能就此判断这是个缺点。生活方式的变化一直促进家电的发展，在这一点上，吸尘器和其他的家电是一样的。

每天使用吸尘器来打扫房间的角角落落也不是一件轻松

图 1-17　扫地机器人

的事。尤其在独居或者双职工的家庭里，能打扫的时间仅限于早上或者晚上，吸尘器发出的噪声常常让人心里有顾虑。在这样的家庭里，每天能自行帮忙粗略打扫一下的扫地机器人是个难得的宝贝。

到了周末等时间比较充裕的时候，只要把扫地机器人没有打扫到的地方，用吸尘器再仔细打扫下就可以了。扫地机器人在打扫时虽然多少会有点残留，但基本上每天都认真打扫一遍了，因此和每周只用吸尘器打扫一次相比，清扫的效率要高出很多。

小知识

基于上述内容，和普通吸尘器相比，吸力偏弱的扫地机器人属于最后需要人力善后的吸尘器。

扫地机器人优劣的分水岭在于：①如何能确保打扫了一遍地板；②如何提高打扫房间角落的精度。这是决定由人来重新进行仔细打扫时需要花费多少时间的问题。因此各家生产制造商都争相提高所开发扫地机器人的工作智慧，包括判断室内障碍物状况的能力，以及遇到障碍物时能够顺利克服的能力。

人和机器配合打扫房间这一模式在今后应该会应用得更多吧。虽然机器完全代替人类进行打扫的日子也可能会到来，但目前的技术革新还是在朝着以人和机器组合的方式，即能使打扫轻松到什么程度的方向上不断发展着。

04

微波炉

和通信设备有着出乎意料的关系

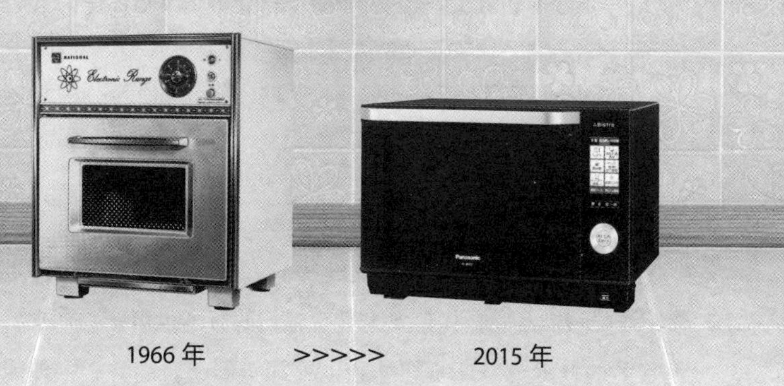

1966 年 >>>>> 2015 年

家电中有各种各样的厨房电器，而其中无论是对于独居者，还是对于家庭而言，都用得较多的就是微波炉。另外应该还有很多人每天都会光顾便利店吧，在餐饮行业便利店处理食物的地方，微波炉也是必不可少的。

微波炉的发展历史和家电普及的进程完美地契合到了一起。

诞生在军用雷达的研发过程中

微波炉的发明原本完全出于偶然。

在第二次世界大战正进行得如火如荼的 20 世纪 40 年代初，用于捕捉飞机接近情况的雷达技术得到了急速发展。雷达是通过发射强烈的微波、测定反射波来确定距离目标物体距离以及该物体所在位置的测量技术。在研发过程中，能产生强烈微波的设备也得到了发展。

其核心就是磁控管（图 1–18，图 1–19）。磁控管是一种用磁铁的力量改变加热所产生的电子的方向，并在空腔内形成共振，从而产生强烈的微波的设备。

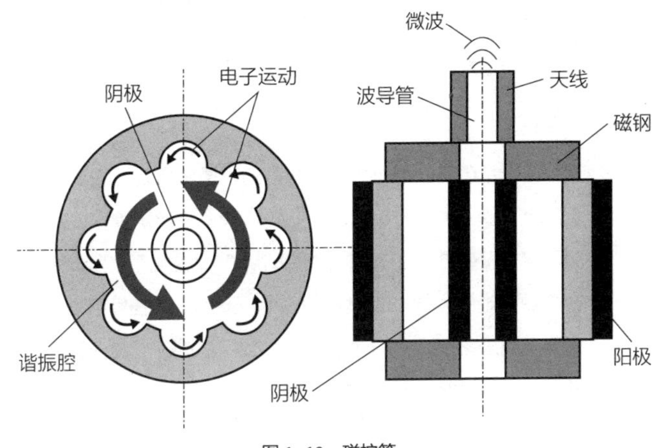

图 1–18　磁控管

图 1-19　实际组装进产品中的磁控管

所谓微波，是指波长短，频率为 300MHz~300GHz 的电磁波。而微波炉的微波频率是 2.45GHz，关于这个频率的重要性在下文中会论述。

小知识

出于军事目的大量生产磁控管的美国雷神公司的工程师珀西 · 斯本塞（Percy Spencer）在 1945 年的一次磁控管振荡实验过程中，发现自己放在口袋里的巧克力居然融化了。斯本塞认为这是微波对食品产生的影响，于是将玉米放在磁控管前端，试着制作了爆米花，结果大获成功。由此人们知道了将微波调到适当的强度后照射到食物上，具有加热效果。

在发现这一现象两年后的 1947 年，斯本塞向市场推出了雷神公司的新产品——全世界第一台微波炉（图 1–20）。从那以后，作为加热烹饪专用设备的微波炉逐渐遍布世界各地，直到现在几乎家家户户都已经离不开它了。

图 1–20 世界上第一台微波炉

为什么用微波能烹饪?

那么，为什么利用微波能对食品进行加热处理呢？高频微波在传播过程中不断发生电场和磁场的变换。每次变换时，被微波照射到的食物的那一面，其内的水分子会随着电场的极性而发生剧烈的运动。这种因剧烈运动而产生的摩擦会产生热量（图 1–21）。

这种加热方式被称为电介质加热。微波炉就是利用微波来使食物中必然会包含的水分子运动来进行加热的。

发射微波的设备有很多，比如我们平时使用的手机或电视转播设备。那是不是意味着我们自身也时常被加热着呢？

答案是“是的”……是不是吓了一跳呢？不过要说这样是不是会对我们的身体产生很大的影响，答案绝对是否定的。其实在这一事实的背后隐藏着微波炉可以作为烹饪工具的特

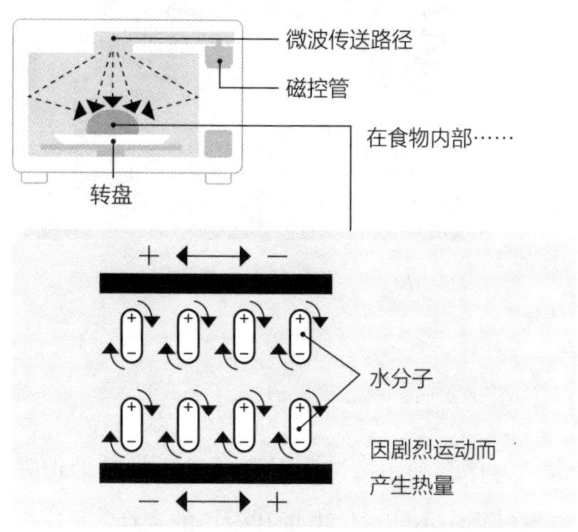

图 1–21　利用感应加热原理的微波炉加热食物

点。虽说微波会对物体产生影响，但只要微波的输出功率不大，那么实际的影响基本可以忽视。由于微波能量的衰减与到发射源之间的距离的平方成正比，因此只要不是太大的输出功率，就很难具有“加热”绝大多数物体的能量。

不只是从手机等设备中发射出的微波，还有我们每天都会接触到的大量以太阳辐射为主的微波，它们大多都没有强到会对我们人体产生影响。斯本塞的试验中，微波能对食物产生影响的原因有两个。

一个原因是用于军用雷达的磁控管发射的微波输出功率极大，另一个原因是磁控管就在斯本塞的眼前进行的作业。反过来也能知道军用雷达是输出功率极大的一种设备。其实出于安全考虑，相关规定是禁止人员靠近正在工作的雷达的。

从这一点来看，微波炉是能够安全使用极大输出功率的微波的。

小知识

顺带说一下，日本人根据微波炉作业时的声音，把用微波炉烹饪食物叫作叮一下，而在美国，认为是用微波来烹饪，所以他们采用使用微波的说法。英语中，微波炉是 Microwave Oven 或者只说 Microwave。

为什么是 2.45GHz 呢？

用于微波炉烹饪的微波采用的频率是 2.4GHz 频段。有人说是因为磁控管很容易输出这个频率的微波，并且易于将这个频率的微波封闭在微波炉内部。也有人说是因为这是适合给水加热的频率，但其实跟这些没有太大关系。顺便说一下，在美国微波炉采用频率为 915GHz 的微波，但全世界范围内微波炉主要采用频率为 2.45GHz 的微波。

微波炉里以很高的功率输出频率为 2.45GHz 的微波。日本家用微波炉的输出功率为 500W 左右，便利店等场所的商用微波炉的输出功率则在 1500~3000W 之间。家用无线局域网的最大发射功率是 10mW，手机的最大发射功率是 200mW，而无线通信基站的最大发射功率也不过 30W，对比一下，可见微波炉的输出功率有多大。以这样的功率从磁控管中输出的微波，经过在微波炉内的反射，最后照射到其内部的食物上。

因为微波的输出功率如此之高，所以微波炉的内部覆盖着坚固的金属防护板，在微波炉炉门的玻璃里也嵌入了金属网来尽可能减少微波外泄（图 1–22）。由于实施了这样的“封闭”处理，因此使用微波炉不会产生问题。只要微波炉的炉门处于完全关闭的状态，即使站在工作中的微波炉前面也不会对人体产生任何不良影响。

图 1–22　防止微波外泄的炉门金属网

小知识

炉门的防护金属不是板状而是网状，充满小孔的材料就能阻挡住微波的原因是，微波炉内频率为 2.45GHz 的微波的波长约为 12cm，因此无法从直径比 12cm 更小的小孔中射出。所以小孔构成的金属网在用于屏蔽微波方面和普通金属板具有相同的效果。

除了以上这些措施，各个生产制造商还针对微波炉炉门的微波封闭性和安全性采取了很多措施。一方面考虑到炉门的密闭程度会影响微波泄漏的量，另一方面从根本上设置了在炉门打开的状态下微波炉无法启动的安全机制。万一炉门的开关坏了，发生了开着炉门就启动了的情况，微波炉内部的保险丝会断开以阻止其在危险状态下继续进行加热作业。

出于同样的安全理念，一部分微波炉产品还具备在没有放入食物的状态下防止空烧的功能。空烧会损坏磁控管，直接导致发生故障甚至事故。

小知识

尽管严格实施了这些措施，也并不意味着微波炉内的微波就完全不会泄漏到外部。其实之所以将微波炉的微波的频率定为2.45GHz，也有这方面的考虑。

2.4GHz 频段是各国共同的 ISM 频段，并且没有用于电视、雷达等重要设施以及长距离通信，如果发射功率较低，不需要申请许可证，是任何人都能自由使用的频段。电脑和手机的无线局域网、数字设备之间的近距离无线通信协议的蓝牙和玩具的遥控设备等都使用 2.4GHz 频段，正是基于这个原因。

微波炉的微波频率定为 2.45GHz 也是因为在这个频段里，微波即便从微波炉里泄漏出来也不会对重要的通信设备造成破坏性影响。

但是，现在的情况略有些不同。过去很少利用 2.4GHz 频段进行重要通信，而现在因为无线局域网的普及，2.4GHz 频段也变成了日常众多设备所使用的频率波段。

各位在自己家里使用电脑的时候，是不是也遇到过一旦使用微波炉，通信就会中断的情况呢？

这是因为从微波炉里泄漏出来的微波干涉了无线局域网的电磁波，导致了通信故障。尽管最近的无线局域网中都加入了规避这种故障的技术，但知道在微波炉的使用过程中，无线局域网的通信可能会不稳定对我们并没有什么坏处。因为使用微波炉进行加热基本都会在短时间内结束，我们可以选择暂时忍受一下，或者选用非2.4GHz频段，即采用5GHz这样的频率进行通信的无线局域网设备。

曾经是年销售量不足 100 台的滞销产品

因为微波炉的特点是使水分子剧烈运动进行加热，所以和其他烹饪方式的不同之处也都集中在这个方面。

其他的烹饪方式都是加热食物以外的物质，通过该物质将热量传导给食物进行烹饪。炉灶是给平底锅或蒸煮锅加热，借由平底锅把热量传导给食物，如果是蒸熟食物，就是借助被加热了的水蒸气来把热量传导给食物。总之都是利用热传导的原理。

与此不同，微波炉是直接让食物发热。这样的加热方式虽然能提高加热效率，但如果想要让牛排或烤鱼上产生好看的焦痕等是不行的。

也就是说，从烹饪方式上来看，只能加热的微波炉既有优势也有劣势。想吃冷冻食品或者加热熟食的话，更适合使用加热均匀且不用担心烧焦食物的微波炉。此外，微波炉也适用于对预处理过的食材进行加热处理。之所以在便利店及餐饮行业广泛使用，正是利用了它的这一特点。

小知识

事实上在过去的日本，微波炉曾很难普及，其原因正是只能加热。当时有人认为微波炉不适合做饭或者有蒸锅就足够了。1963年，索尼公司真正开始出售微波炉，据说年销售量仅100台。进入20世纪80年代后，冰箱已经基本普及到家家户户，超市等的物流系统也已发展完备，选购冷冻食品的人开始多起来了，微波炉才因此得到广泛普及。

为什么会有不能使用的餐具?

因为是用微波加热，有些餐具或容器在微波炉中不能使用。首先是金属制成的餐具或铝箔基本都不可以使用。因为当微波碰到这些材料时会产生火花，导致发生事故。此外，很容易被忽略的是用金属材料装饰的瓷器。瓷器本身是可以使用的，但金属部分的装饰有可能会引发火花。

顺带一提，铝箔有时也会用于微波炉的烹饪。因为将铝箔覆盖在食材上，能防止这一部分的食物直接接触到微波，从而可以控制加热的状态。不过，使用时一定要小心，铝箔不能触碰到微波炉内壁。

由于放电现象是当铝箔等金属和其他导电体发生接触或距离极近，进而从尖角处放电而导致的，因此，只要避免这些状况就不会有问题。但虽说如此，毕竟不是最保险的使用方法，所以还是请大家记住金属一类的物质不能放在微波炉里使用吧。

此外，食材的加热情况是由该种食物含多少水分以及易于吸收多少热量来决定的。如果加热几乎不含太多水分的牛蒡、芋头或南瓜等食物，不放些水就直接放进微波炉里加热的话，食物会因过热而烤焦甚至燃烧起来。所以请记得一定要将它们和少量的水一起盛在一个较大的容器里，之后再放进微波炉里加热，或者缩短加热时间。

最近，充分利用微波炉特点的微波炉专用餐具和微波炉专用烹饪器具也已经普及。树脂制成的蒸锅是在其中放入水和食物后，用微波炉来蒸食物的器具。只要装食物的盒子是树脂制成的，微波就会穿透进去加热内部的食物或水。所以适当使用具有密封功能的容器，也能借助这种烹饪器具内被加热了的气体来蒸食物。

小知识

另外，在微波炉里使用的、能够让食物上产生烤痕或焦痕的专用器皿和专用平底锅也出现了。其原理并不只是食物被加热，而是烹饪器具本身也被微波加热，器具再用自身携带的热量使食物产生焦痕。没有炉灶或者不想生火做饭的时候也能利用微波炉轻松地做饭烧菜，非常方便。

转盘式微波炉和平板式微波炉的差别在哪里?

微波炉分为两种类型，一种是炉腔内有一个转盘，加热时食物会旋转的转盘式，另一种是没有转盘，食物放在一块平板上，固定不动地加热的平板式。现在体积较大、内部容量达到 23L 以上的都是平板式，而小于这个尺寸的则多是转盘式。因为以前容量较大的微波炉也曾一度使用转盘，所以一说起微波炉，人们就会觉得是炉腔内的食物不停旋转着加热的烹饪器具。

采用转盘式设计是为了通过旋转使微波均匀地照射到食物上（图 1–23）。多数情况下，微波的发射源都在炉腔的侧壁，如果食物不旋转的话，微波就会频繁地照射到同一部位，加热情况很容易出现不平衡。

几乎是微波炉标志的转盘其实有不少缺点。

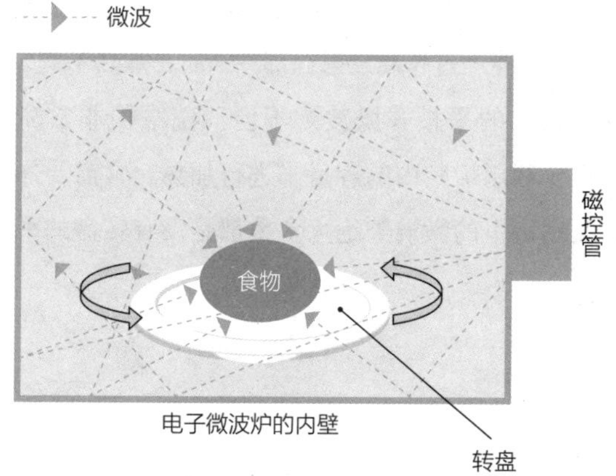

图 1-23　转盘　它是为使从磁控管发射出的微波能均匀地照射到食物上而设计的，从微波炉内壁上反射回来的微波也可以利用。

第一，结构变得复杂不易清理。因食物等造成的炉腔内的污垢不只是不卫生，还会造成异常发热。因此保持炉腔内部清洁非常重要，但每次都得取下转盘，并且连带着转盘和内部都擦拭干净实在很费时间。

第二，不容易处理体积较大的食材。大家有没有过虽然把食物放进炉腔内了，但一旦旋转起来却被卡住了的经历呢？转盘式微波炉可加热食材的尺寸并不取决于腔内容量，而是由转盘的直径决定，因为炉腔内存在无效空间。在加热放入饭盒等四方形容器里的食物时，这个差异会尤其明显。

最近的大容量微波炉因为大大提高了微波在炉腔内的反

射效率，所以即使不用转盘也能均匀地对食物进行加热。此外，有的微波炉还能通过移动发射源部件来防止加热不均匀。

没有转盘的平板式微波炉不但清洗维护非常简单，而且还能充分利用炉腔内的容量来进行加热。常需要加热大盒盒饭的便利店里的微波炉绝大多数都是没有转盘的平板式微波炉。

利用各具特色的加热控制扩大烹饪用途

对于只能加热的微波炉来说，相当于煤气炉上的“火候”按钮是用来干什么的呢？

答案是用来控制烹饪时间和微波照射的量。

其实微波炉根据所采用的磁控管类型分为变压器＋电容器型和反相器型。给磁控管提供电能的方式不同微波的发射方式也不同。到 1988 年左右为止的产品以及现在的低端产品都是变压器＋电容器型，而如今的主流产品却是反相器型。两者的差别在于“火候”调节的自由度。

变压器＋电容器型微波炉里，从磁控管发射出的微波的量是无法自由控制的。只能在强烈发射和间歇性地停止以减少单位时间的微波量来达到减少照射量这两种状态之间二选一。

因此变压器 + 电容器型微波炉想要调节“强”或“弱”，除了用定时器控制运行时间来调节“火候”就没有其他方式了。在加热冷菜时虽然没有什么问题，但对于多样化烹饪方式来说就太不精准了，而且也不适合根据食物的量来优化电能消耗。

于是，反相器型微波炉就出现了。反相器型微波炉通过控制供给磁控管的电压来实现对“火候”的精确调节。日本现在售卖的微波炉里，反相器型微波炉占了大约七成。

提高了“火候”调节的自由度之后，能够根据食物的种类和菜肴的量来进行调节。微波炉不再只有加热程序，还设置了根据菜肴种类不同可选择的烹饪程序，这些都是有了反相器型微波炉之后才出现的。

如今的微波炉都是和组装在其内部的红外线传感器等一起联动进行烹饪处理的。比如在加热饮料的时候，微波炉会判断有多少杯的量，再进行与之对应的加热程序。

小知识

便利店等地方所使用的商用微波炉能够在更短的时间内充分加热并节省能耗，这类微波炉从加热方式到微波的输出方法都经过了反复试验和改良。据说最近有些便当盒也是由微波炉生产商和便利店联手共同设计的。由于微波炉内部的微波分布情况多少会有些不均匀，所以设计出专用的便当盒更能提高加热效率。

为了消除原本微波炉只能加热的缺点，更为了节约厨房空间，安装了烤箱功能的水波炉的数量也越来越多。水波炉能灵活使用烤箱和微波炉的加热功能进行烹饪。由于消费者健康意识的提高，近年来的高端产品中，配置了蒸煮食物功能的水波炉机型越来越受欢迎。它能利用内部的蒸汽发生器产生高温水蒸气来烹饪食物。

尽管微波炉的功能变得越来越多样化，但适应各种食材的“火候”调节以及功能的适当运用却十分困难。烹饪程序在这一方面也发挥了它的威力。最近的水波炉产品设置了数十种烹饪程序，它具有根据 400 个不同的菜单选择适当烹饪程序的功能。

小知识

要自如地使用如此众多的功能，不但要了解设备的性能，还必须懂得什么样的食物需要使用哪些操作才能制作完成。现在出售的水波炉都会附一本《烹饪手册》来介绍各种食物的制作方法以及相应的操作。

制作产品使用说明书的团队和制作烹饪手册的团队合作，他们常常一边考虑怎么设计才能让微波炉使用起来更便捷，一边努力进行烹饪手册的制作。

电饭煲

价格越高越畅销的家电

1956 年 >>>>> 2015 年

75% 的产品在使用寿命结束之前就被换新了？！

电饭煲出现于 20 世纪 50 年代，是一种颇有历史的烹饪电器。因为其控制火候煮饭的原理相较以往的烹饪电器没有发生变化，所以很多人会觉得它不需要什么太先进的技术。

但以米饭为主食的日本人尤其执着于米饭的美味程度。这样的执念即使到了现在仍在推动着电饭煲的发展。

这里有一些能体现日本人执着于米饭美味程度的有趣数据。

小知识

日本国内现在每年电饭煲的出货量约为 600 万台，而其中因故障而换新的仅占 27% 左右（根据松下电器的调查）。也就是说实际上每 4 台中有 3 台都是在产品使用寿命结束之前就换购了新产品。

电饭煲属于构造比较简单的家电，故障率也相当低，是一种使用寿命很长的产品。几乎所有的家电，尤其是白色家电，在发生故障前大多都不会换新，但为什么只有电饭煲会让不少人在还能使用的时候就换新了呢？

根据相关的调查发现，其原因是想吃更好吃的米饭。特别是近些年来，超过 6 万日元以上的高级电饭煲的销量不断上升，对比之下，1 万日元以下的产品则销量始终上不去。这正反映出了消费者认为电饭煲即使稍稍贵一些也希望每天都能吃到更好吃的米饭的无可挑剔的执着心态。

小知识

那么电饭煲的生产商是如何定义好吃的米饭的呢？事实上，各家生产商所使用的说法基本是一样的，即“就像有一名好厨师片刻不离地用砂锅煮出来的米饭”（图 1-24）。

这个听起来很简单，但其实是无法实现的。因为即便能

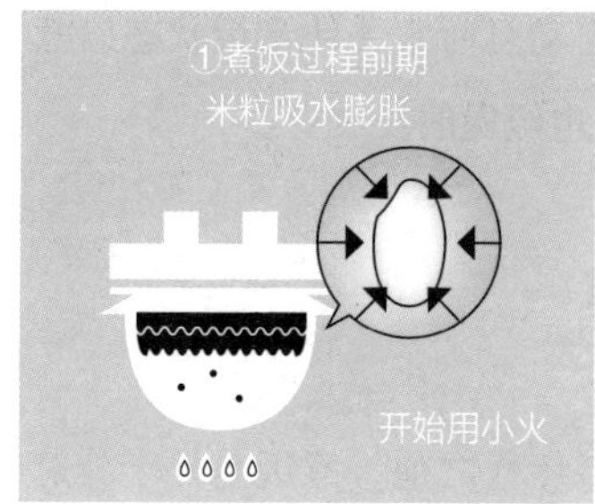

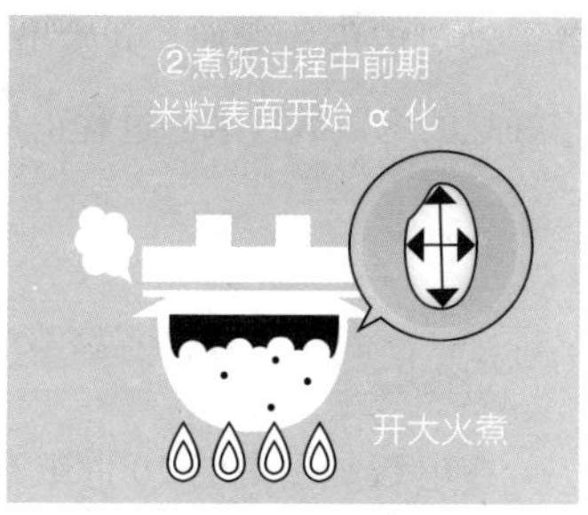

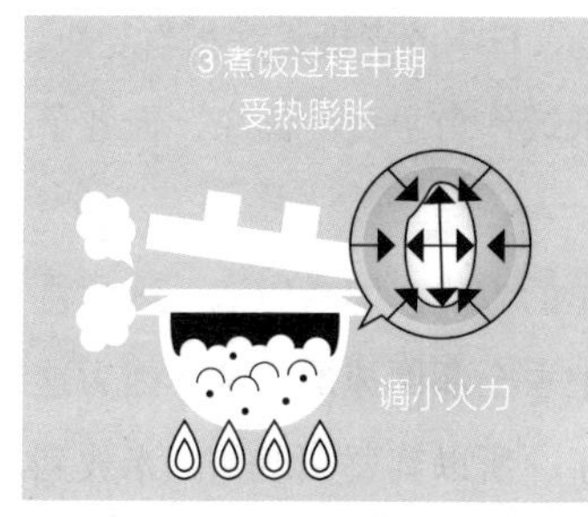

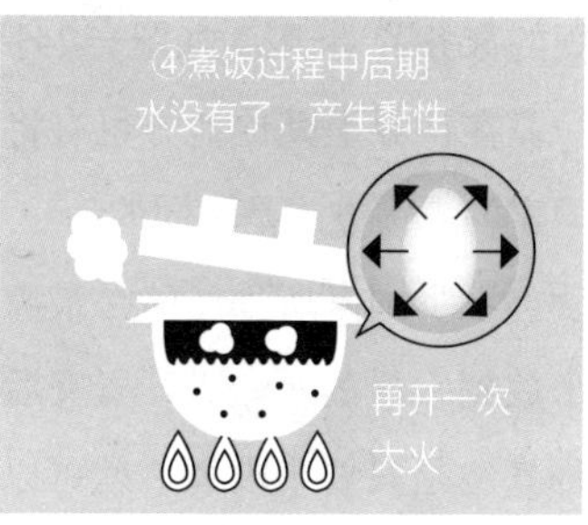

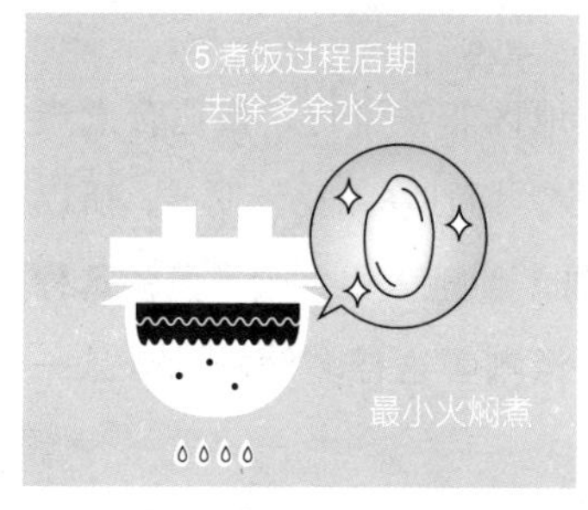

图 1-24　好吃的米饭的理想形态——用砂锅煮的米饭

做到把优质的米和水放进砂锅里，也很难保证寸步不离地进行煮饭。不管多想吃到好吃的米饭，也不太可能使每天的家务劳动量成倍地增加。开发出自动且时常关注米饭状态以煮出好吃的米饭的技术的过程正是电饭煲的发展史。

为了将粳米煮得更美味

在电饭煲出现的20世纪50年代之前，煮饭是件十分麻烦的家务劳动。因为如图1-24所示，日本的煮饭工序相当复杂。

在世界上其他地方也有将米饭作为主食的国家，但各个国家的煮饭方式是不同的。

不少国家所采用的是最简单的方法，即捞饭法。这是将米放到大量的水中煮，煮完后把水全部倒掉的方法。因为这种煮法是只要米没煮烂就可以了，所以其要领就是把米放到烧开了的热水中。

捞饭法在印度以及东南亚地区非常流行，很适合煮当地人吃的籼米。籼米所含水分少，而且香味比较明显，所以用捞饭法来煮更能煮出它的香味。当地人也常会在蒸煮这种米时多加水，或者煮好后放入像咖喱这样多汁的调味品一起吃。

欧洲南部和西亚地区主要是以把炒过的米放到汤里的炒煮法为主。西班牙菜里的海鲜饭和意大利菜里的烩饭都是炒煮法的代表。

日本的煮饭方法和捞饭法以及炒煮法不同，称为煮干法。

煮干法是把米放在水中煮，随着水不断蒸发，这些水变成水蒸气后会把米“蒸”熟。在这个过程中，多数水蒸气会和米粒中所含的营养以及香味一并浓缩到米饭中。

煮干法是能用日本粳米煮出美味米饭的方法。日本因为一直都有“多吃米饭这种主食，少吃菜”的饮食文化，所以一直奉行“就算只有饭也得好吃”的原则。这大概也是这种适合粳米的煮饭方法会扎下根的原因吧。

由于用煮干法煮米饭的过程中会连续进行“煮”和“蒸”，因此火候的调节比较难，要煮得恰到好处，不让它煮焦，就必须时刻在旁边照看（参考图 1–24）。水沸腾时，热水常会溢出来，这也是会把饭烧焦的原因之一。普通的锅密封性较差，火候不易控制，不小心就煮不出好吃的米饭了。

随着电饭煲的出现，煮饭所花费的精力开始显著减少。使用定时器来控制火候的电饭煲，即使旁边没有人时刻照看，也能把米饭煮得恰到好处。只要米和水的量合适，基本不会把饭煮坏。电饭煲的出现把煮饭这件麻烦事变成了最简单的一道工序。

20 世纪 60 年代，搭载了煮好饭后能继续保持温度的保温电饭煲出现并成了主流。现在几乎所有的电饭煲都具有保温功能，所以保温电饭煲这种说法也就没人用了。与此同时，存放煮好的米饭的保温桶也从寻常人家逐渐消失了。

小知识

能自动煮饭并保温，让人随时都能吃上热腾腾的米饭的电饭煲不止在日本，在国外也很受欢迎。如在韩国和中国北部地区，这些地区有和粳米相似的种类的米，所以煮法当然也和日本相似，而在采用捞饭法煮籼米的东南亚地区，日本的电饭煲也很普及，因为通过电饭煲用煮干法做米饭的人越来越多。

在向各个地方出口电饭煲前，厂商会根据该国家或地区的饮食习惯对电饭煲的功能进行调整。比如对于习惯喝粥的中国香港，出口到那里的产品都具有能增加更多水量的煮粥模式。

用微电脑控制实现自动煮饭

电饭煲于20世纪50年代面世，60年代增加了保温功能，之后的技术革新是迷你型计算机控制，即微电脑控制。有了微电脑控制技术，就能更为精确地调节火候了。

如前文所述，用煮干法煮饭时火候控制十分重要。面世初期的电饭煲是借助简单的定时器来控制开始煮饭和过一定时间后停止蒸煮的。虽然在使人不再需要在煮饭过程中寸步不离这一个方面，电饭煲所做出的贡献已经不容小觑了，但要煮出好吃的米饭还必须要有更精确的火候控制。

用来应对这一挑战的功能就是微电脑控制。凭借根据煮饭时间对火候进行精确控制的技术，尝试实现一个好厨师煮饭的效果。

小知识

日本国内是在 1979 年开始在市场上出现微电脑电饭煲的。进入 20 世纪 70 年代以后，将计算机中央处理器的功能集成到一块指尖大小的大规模集成电路上的微处理器出现了，之后相继出现了个人电脑和游戏机，而在家电领域中最先采用这种技术，并因此获得成功的产品之一就是电饭煲。

借助微电脑进行精确控制的主要目标是消除米饭受热不均匀。最简单的电饭煲的构造如图 1–25 所示。其内部安装着采用电热线发热的加热器，由加热器加热内锅使内部的米和水升温，它模仿了把铝锅放在炉灶上做饭的状态。

最初的电饭煲加热器都是安装在锅身底部的。也就是说，内锅是从下方受热。虽然热水沸腾后会产生对流，从而搅拌整个锅里的米和水，但米比水重是个难点。因为虽然米量少的时候没有什么问题，但如果要一次煮很多米的话，就无法完全搅拌开，就会出现有的地方米已经熟了，有的地方米却仍是生的状态。

由此就会导致不同位置的米饭生熟程度不同，或者位于下方的米饭被烧焦了的情况，而有了微电脑控制，就能细致地调节加热状态。

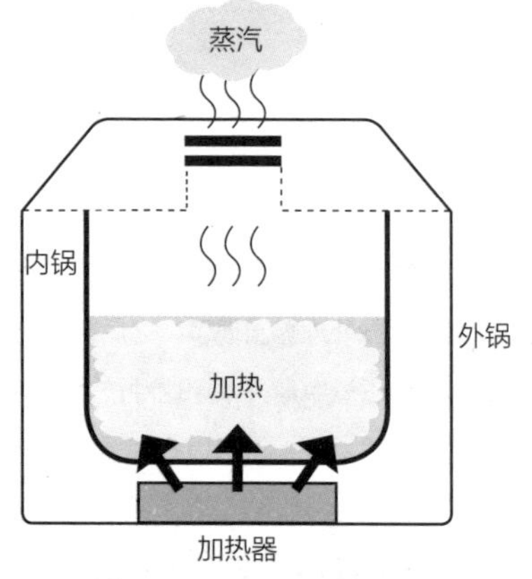

图 1–25 最简单的电饭煲的构造 加热器安装在底部，构造简单，无论如何都无法避免米饭受热不均匀的缺点。

不过也有微电脑控制的电饭煲做不到的事，比如加热器的火力终究还是比不上普通炉灶或燃气灶的火力。

一方面，一次性煮大量的米饭，需要足够的热量。普通的燃气灶最强的火力相当于功率 4kW。而普通的加热器功率只有 1kW，并且达到最大功率费时较长。另一方面，当想让蒸饭状态停止时，作为发热源的加热器由于会在停止后继续发热，等它冷却下来也需要一定的时间。

“功率低，升温慢，冷却慢”是加热器的特点，这对于以“像直接用火的砂锅一样煮饭”为目标的电饭煲来说是相当不够的。为了解决这个问题而出现的新方法是电磁感应加热（IH）。

使用电磁感应加热煮饭的 IH 电饭煲

IH 是“Induction Heating”的首字母组合，意思是电磁感应加热。所谓电磁感应加热，是利用电磁感应所产生的热量来进行加热，借由电磁感应使电流通过金属等导体，此时因为存在电阻，就会产生热量（原理见图 1–26）。在微波炉一篇里介绍过的电介质加热（参考第 52 页），其机制也与此类似，但相对于对食物内部的水分子产生作用所进行的加热，电磁感应加热是借由电磁感应在金属等导体制成的内锅上产生涡电流，利用因电阻的存在而产生的焦耳热来实现加热的，在这一点上两者是不同的。

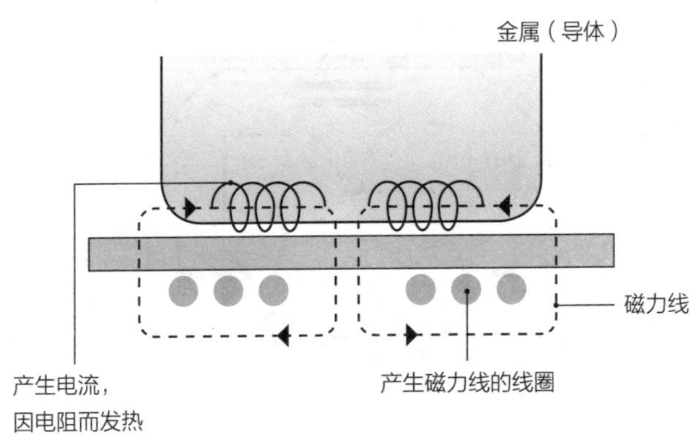

图 1–26　电磁感应加热的原理　通过让金属导体在磁场中运动产生电流，此时因为存在电阻，金属导体便会发热。

IH 电饭煲的构造如图 1–27 所示。利用因电阻的存在而产生的焦耳热来加热这一点和用加热器加热的电饭煲是一样的，但相对于后者需要经过加热器将热量传导给内锅，再从内锅传导给水和米这样两段式的过程，IH 电饭煲是由内锅直接发热，因此就能更高效。

电磁感应一旦停止，加热就会结束，内锅也会更快冷却，因此和加热器型电饭煲不同，IH 电饭煲具有能够快速加热快速停止的特点。此外，从安全性来看，IH 电饭煲也有优势。加热器加热时，加热器本身会发红发烫，不达到高温就无法加热内锅，所以一旦这类电饭煲打翻或者损坏了的话，加热

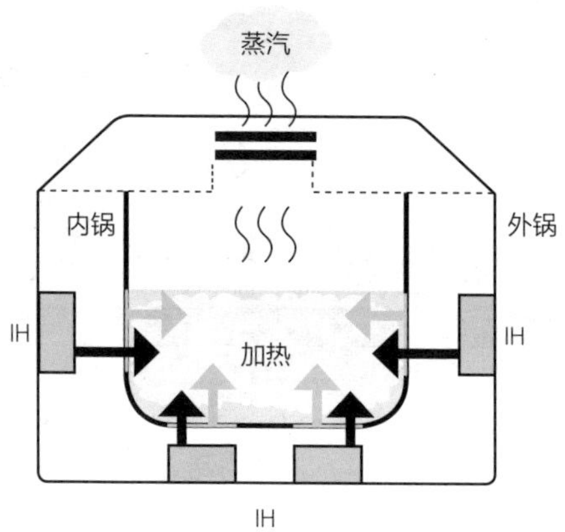

图 1–27　IH 电饭煲的构造　通过电磁感应加热使内锅直接发热来加热米和水。

器裸露到外面就会十分危险。而 IH 电饭煲里没有发红发烫的元件，因此可以说相对比较安全。

当然，IH 电饭煲也有缺点。它不容易给整个内锅均衡地加热。加热器型电饭煲要给整个内锅加热的话，只要在外锅锅体里全部都安装上加热器就可以了。而 IH 电饭煲如果安装多个电磁感应部件，它们所产生的磁力线会相互干涉，导致无法给内锅正常加热，所以一个个电磁感应部件之间的距离不能太近。由此就会因为这些部件之间的间隔而造成加热不均衡。

为了避免部件相互之间发生干涉，只能把一个个电磁感应部件相互错开些安装，并逐个启动来给整个内锅加热。电磁感应部件装在哪里、装多少个是由电饭煲的尺寸和种类决定的。但所有的电磁感应部件如果一下子全部启动的话，用电消耗会超出家庭用电负荷，因此被专门设计成根据实际需要，相互切换着整体提升热量的工作方式。

内锅发热的原因

使用多个电磁感应部件的优点是可以根据部件的位置改变受热的部位，从而控制和改变内锅热水的对流状态。松下电器的电饭煲设计为在 0.04 秒的单位时间内切换受热部位，改变因沸腾而产生的气泡的出现位置，控制对流状态，使米粒在锅内剧烈地运动。这项技术被他们称为“舞动煮”（参考第 78 页，图 1–29 的右图）。

加热器型电饭煲和 IH 电饭煲还有一个很大的差别是内锅的材质完全不同。对于加热器型电饭煲来说，加热器的热导率非常重要，所以其内锅的材质通常采用热导率较高的铝或铜。不过因为加热器型电饭煲价格低，所以基本上内锅都是铝制的。

而 IH 电饭煲对内锅的要求就不一样了。铜和铝虽然热导率较高，但决定 IH 电饭煲发热效率的电阻却偏低，无法充分发热。使用铁或钢以及碳素材料电阻较为合适，但是这些材料又有热导率不佳的缺点。

小知识

于是，大多数的 IH 电饭煲就采用了将发热用的金属和传热用的金属贴在一起的多层金属式内锅（图 1–28）。因此 IH 电饭煲的内锅自然就会比加热器型电饭煲的内锅更重，加工工艺也更复杂，所以层出不穷的这类产品都价格不菲。尽管铝的可加工性高，但要制作和铁等材料组合到一起的多层金属式内锅，成本怎么也无法下降。IH 电饭煲之所以被称为高附加价值型电饭煲，其中一个原因就是它的高成本内锅。

从生产商之间的技术竞争来看，只要是能做出美味米饭的电饭煲，即使价格高也能卖得出去，内锅的材质和构造成了生产商们花费心血的竞争点。这些竞争产品除了多层金属式内锅的具体结构和内壁涂层的用料等不同外，材质方面也有了不同，出现了碳素材料内锅、砂锅、铁锅等。

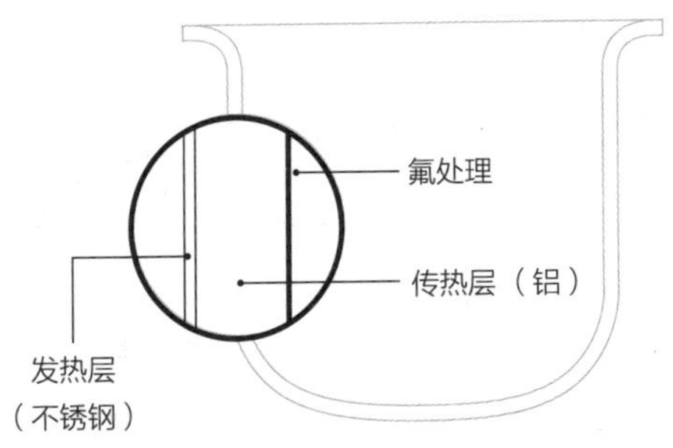

图 1–28　多层金属式内锅的一种构造　由不锈钢制的发热层和铝制的传热层构成。

让米饭吃起来香甜可口的工序

IH 电饭煲于 20 世纪 80 年代面世，90 年代普及，在它之后问世的是如今成为主流的 IH 压力电饭煲。

IH 压力电饭煲改变了内锅和上盖的构造，提高了内锅的密封程度，使煮饭时所产生的水蒸气给内部加压（原理见图 1–29）。它的压力最大可以达到 1.4 个大气压，虽然并不是施加了极高的压力，但能在比水的沸点（100℃）高的温度下煮饭是它的一大优点。

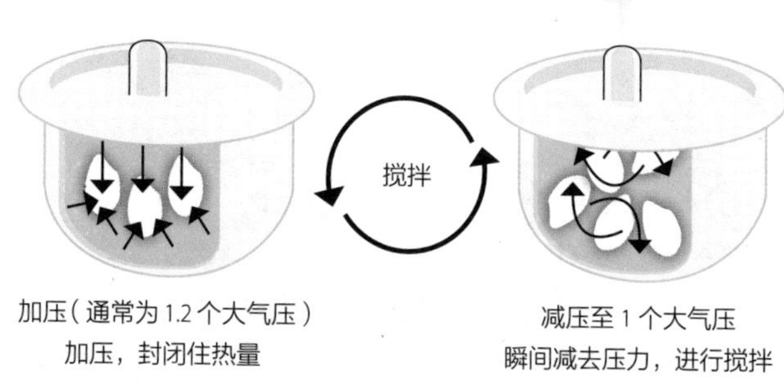

图 1–29　IH 压力电饭煲的原理　通过提高锅内的压力，使温度变得更高，热量贯穿整粒米（左）。再瞬间减去压力，引起沸腾，使米从锅底被搅拌起来（右）。

小知识

煮饭时有一种叫作糊化的现象起着非常重要的作用。大家应该知道，米饭之所以吃起来有甜味是因为一种叫作淀粉酶的物质，但其实淀粉酶分为两类，即 α 淀粉酶和 β 淀粉酶。

当米饭尚处于加热前的 β 淀粉酶的状态时，人不会觉得米饭好吃。但经过加热而转化为 α 淀粉酶（糊化）后，米饭吃起来就会有甜味了。米饭在人体内消化、吸收时也是 α 淀粉酶的效率更高。煮熟了的米饭冷却后吃起来不好吃，是一度形成了的 α 淀粉酶又转化为 β 淀粉酶导致的。

煮饭时要促进糊化就必须有足够的热量。缺乏充分热量煮出来的饭会因为在 α 淀粉酶的形成过程中有水分残留而变得黏黏的。都说灶台或燃气灶那样的大火煮出来的米饭好吃，其中的一个原因就在这里。

要想用电饭煲来达到这样的煮饭条件，最好就是尽可能提高内锅的温度，用高热量来蒸煮米饭。为了满足这个要求，便出现了能施加压力提高沸点、在高温条件下煮饭的 IH 压力电饭煲。IH 压力电饭煲在煮饭时能加热到大约 110℃。

在 IH 压力电饭煲问世之前，就已经存在以提高煮饭最后工序的热量、把米饭煮得更好吃为目标的产品了，这种产品实现了炉灶上煮饭的关键点。这个关键点就是让热量一下子透入米饭，促进糊化的过程。

一直以来拥有这个功能的产品都能煮出更好吃的米饭。在热量容易透入米饭的最后一步，很多水分都已经变成水蒸气了。因此存在米饭会一不小心就被烧焦的问题。

而 IH 压力电饭煲是利用水蒸气的压力来施加压力提高温度的，所以它的长处就在于即使用高温将米饭煮熟也不容易烧焦。

唯有电饭煲才能做到的煮饭方式

用 IH 压力电饭煲煮饭有利于重现日本传统煮饭方法中的煮干法，还有一个很关键的原因是米汤。

煮饭时，水沸腾后会产生黏黏的液体，也就是所谓的米汤。含有来自米饭中糊化了的淀粉的米汤，自然包含着大量的米饭精华。

顺便说一下，用捞饭法煮籼米时，当地人为了把异味去掉，会把含有米汤的热水倒掉（真可惜！）。因此，吃不惯日本米饭的外国人很多都是不喜欢煮好的米饭的香味。

小知识

在煮好的香喷喷的米饭里，米汤会渗透到全部米饭里，使米饭更可口。这时，整锅米饭都在咕嘟咕嘟地煮着，从内部产生的气泡会把米饭挤开，形成一个个小孔。因为很像螃蟹的巢穴，所以有人叫它螃蟹洞，这是香甜可口的米饭已经做好了的标志。当米饭沸腾到形成螃蟹洞的时候，说明已经被足够多的热量加热，米汤已经渗透到全部米饭里，所以米饭会变得可口无比。

虽然和用锅直接在火上煮饭相比，在火力方面，电饭煲无论如何都比不上，但 IH 压力电饭煲能一定程度上解决加热方面的问题。而且经过精心设计，能将美味的米汤返回到米饭里的产品也越来越多。

如前文所述，IH 压力电饭煲利用了煮饭时的蒸汽所产生的压力，也就是说让混有米汤的热水和蒸汽回流到了锅内。尽管压力会在米饭煮好前被释放，但在这个过程之前已经充分利用蒸汽蒸出了美味可口的米饭。

松下电器的产品会把米汤积蓄在循环槽里，在它变浓之后再返回到米饭里。蒸汽会被加热到 200℃用于追加蒸煮时的加热（图 1–30）。这样的煮饭方式是炉灶 + 砂锅的组合绝对无法实现的。电饭煲已经开发出了只有电饭煲才能实现的煮饭方式。

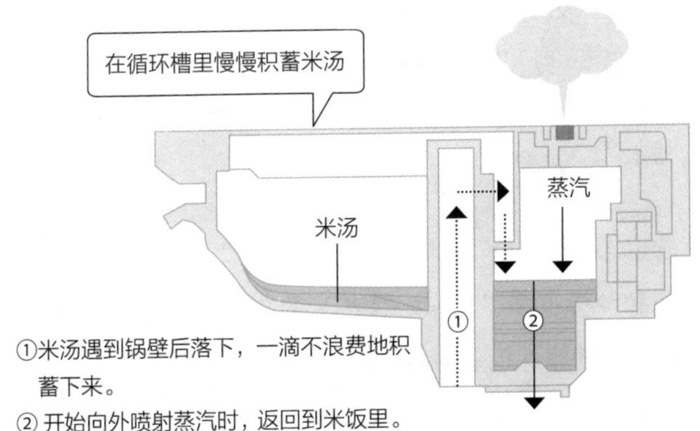

图 1–30　将米汤临时积蓄，让它变浓后再返回到米饭里的原理　这是只有电饭煲才能实现的煮饭方式。

谁都觉得好吃的米饭已经不复存在了

各位觉得什么样的米饭才是好吃的米饭呢？

小知识

根据近几年的调查显示，随着年龄的增长，人们对米饭硬度的偏好一直都在变化。老年人偏好较软的米饭，而年轻人一直都偏好硬一点的米饭。

究其原因，有来自从便利店等地方买到的米饭的影响。便利店里的便当或者饭团等，都是在冷却后再加热进行食用，所以事先煮得比较硬。这样的米饭虽然在柔软度和美味程度方面处于劣势，但更容易下咽。吃着这样的米饭长大的人和并非如此的人会对米饭的偏好有所不同，面对这样的事实，好吃的米饭就变得很难定义。

随着追求好吃的米饭的消费者不断增加，和以前相比，米的品牌和种类也多了起来。这些米的味道和口感各有各的特点，消费者的偏好也多种多样。

好吃的米饭的定义方式的变化和米的多样化，给电饭煲的生产开发商带来了很多困难。因为不同的米不同的水量，适合的煮法也不同，所以米饭的煮法不再通用了。

此外，随着健康意识的提高，不喜欢精米而喜欢吃糙米和粗粮的人也变多了。相应地水量以及煮法的变化就更多了。

饮食状态多样化的现在，根据消费者年龄层以及米的种类进行分开煮已经变得很重要。电饭煲的控制技术已经十分先进，只要设置好合适的参数，分开煮本身并不难，但对于实际操作的人来说，给电饭煲设置正确的指令却并不容易。

当技术方面还未能实现全自动地以最合适的方式分开煮时，出现了利用智能手机来实现的方法。比如，根据米的品牌进行分开煮时，只要在智能手机的应用软件里选择米的品牌和偏好的口感，再把手机放到支持这个功能的电饭煲上扫一下就好了。

这是利用了近距离无线通信技术（Near Field Communication，NFC），这样就能将与选择好的设定相对应的煮饭工序传送给电饭煲。此外，还能从互联网上下载最近的煮饭菜谱再进行设定，这也是可实现的、非常便利的一种方式。

电饭煲多种多样的功能全都是为了操作简单且真正能煮出好吃的米饭而设计的。要实现这一目标，需要付出很多努力，但日本人十分追求米饭的味道，以至于认为这样的付出是非常值得的。

第 2 章

让生活丰富多彩的家电

#.06

电视机

在卫星技术的推动下发展

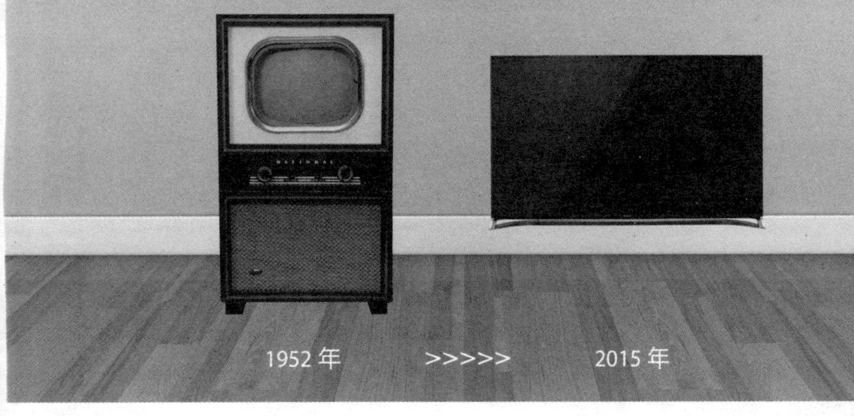

进入数字时代，噪声也发生了变化

电视机的技术发展史就是以接收灵敏度提升为中心的画质不断改善的历史。

日本从 1953 年开始电视广播，已经有 70 年的历史。最初的电视是黑白的，但早在 20 世纪 60 年代就已经彩色化了。2011 年 7 月（岩手、宫城、福岛是 2012 年 3 月），地面信号和卫星广播实现数字化，现在的主流是高清画质、大屏幕的平板电视。

自从开始电视广播以来，“接收从电视台发出的电视广播信号进行视听”的电视功能并没有变化，但实现这一功能的技术已经发生了大幅度的改变。

电视广播的图像由表示明暗程度的亮度信号和表示颜色差异的色差信号构成。最初的黑白电视广播只有亮度信号，而彩色电视广播则有亮度和色差两种信号。即使是黑白电视机，也可仅利用亮度信号来收看彩色电视广播的图像，只不过没有色彩而已。为了发送更多信号，实现高清画质的电视广播，传递的信号从模拟信号变成了数字信号。

小知识

模拟信号电视广播在技术方面比较简单，但由于模拟信号容易受到干扰，难以防止发送源（电视台）的图像和声音波形劣化。是否还有人记得在模拟信号的时代里，电视机屏幕上雪花般的白色噪点？这是只有会产生图像和声音波形劣化的模拟信号电视广播才会有的现象。

数字信号电视广播哪怕接收效率稍差，只要信息在能够正确重现的范围内，画面上就不会出现噪点。但是，如果接收效率降到一定程度以下，就会发生丢帧或者节目无法收看的情况。有些人可能遇到过整个图像或者部分图像呈块状，就像被马赛克处理了一样的情况吧。特别是卫星电视广播的过程中，突然遇到阵雨或大量降雪等天气时，就会导致接收灵敏度下降，无法收看节目。

扫描线是如何形成图像的?

信号传输方式发展为数字信号传输后，变化最大的是形成图像的机制。

接收模拟信号的电视机采用了叫作 CRT（Cathode Ray Tube）的部件，即所谓的显像管。显像管是通过位于管子末端的电子枪发射电子，再将电子打到一块荧光屏上使荧光粉发光来形成图像的。基于这样的成像机制，显像管时代的电视机是由一根根从左画到右的扫描线顺次堆叠播放出图像的（图 2–1）。

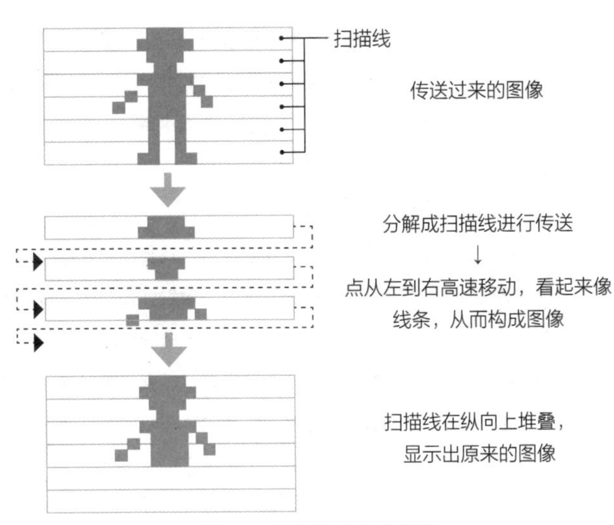

图 2–1　显像管显示图像原理

这样的成像机制被称为“扫描”，扫描出来的一根线叫作“扫描线”。一帧图像扫描完毕后就扫下一帧，扫完后再继续扫下一帧……按照这样的流程来组成图像。更准确地说，是扫描时用光的“残影的堆叠”来形成图像。也就是说显像管的电子枪只是描绘出一个点，由点的“残影”变成线，线再以同理变成面，最终成为我们眼睛所看到的图像。

日本模拟信号电视广播时代一帧图像的扫描线数量最多为 525 根。这些扫描线分为奇数行和偶数行，在 1/60 秒的时间内显示一组“奇数行的集合”，再在同样是 1/60 秒的时间内显示一组“偶数行的集合”，这两组图像组合到一起，成为一帧图像（图 2–2）。

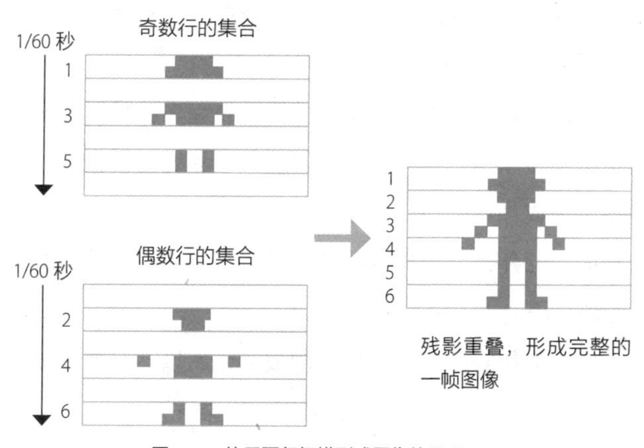

图 2–2　使用隔行扫描形成图像的原理

因此，1 秒钟的图像由 30 帧图像构成。但由于奇数行和偶数行的图像略有些不同，因此图像中的动作基本存在 60 帧图像。这样的机制被称为隔行扫描。模拟信号时代的电视机看起来图像上好像有无数细线一样，正是由隔行扫描成像造成的。

小知识

采用看似结构复杂的隔行扫描机制的原因，其实是以 20 世纪 40 年代到 60 年代时的技术，按照当时电视广播的标准，难以在 1/60 秒内传输构成一帧图像的信息。然而跟用 30 帧表现 1 秒钟的图像相比，60 帧能使图像动作更流畅、更易于观看，所以还是采用了隔行扫描机制。

显像管的特点是比较易于生产制造。模拟信号电视广播的机制正是参考显像管的机制创造出来的。

但诸如显像管之类的将扫描线堆叠起来的显示方法不适用于精确显示 1 个点，因为图像会很容易变得模糊不清。虽然要增加成像时的信息量，只能增加扫描线，但这当然是有极限的。此外，电子从电子枪里发射打到画面上，需要一定的距离，因此也不适合平板化。

因为显像管的管身是玻璃制成的，所以一旦要把屏幕做大，就会变得非常厚重，价格也因此很难下压。

液晶属于一种快门

现在的电视机里用来代替显像管的显像装置基本都是液晶显示器。与以前的模拟信号电视相比，现在的数字高清电视的信息量增加了约 6 倍，高分辨率的显示技术功不可没。

液晶和 CRT 不同，没有扫描线，整个屏幕就像一个由液晶制成的精细快门，根据所需显示的图像同步打开或关闭。图像就由从快门后面透射出来的光构成（图 2–3）。

液晶电视机的分辨率是指液晶的快门数量。为了实现彩色影像，现在的液晶电视屏幕的像素点都是由颜色为光的三

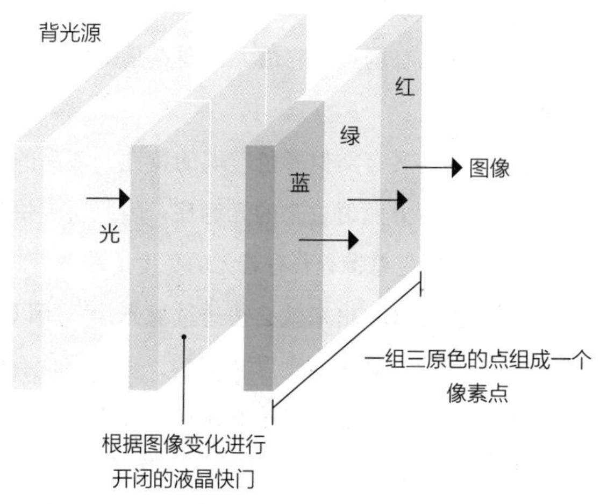

图 2–3　液晶显示器显示图像的原理

原色“红（R）”“绿（G）”“蓝（B）”的三个点组成的。

光同时通过三个原色点时为白色，全部关闭时为黑色，颜色和亮度可以通过每个 RGB 快门的开闭状态来调节。普通电视机横向为 1920 个像素，纵向为 1080 个像素，而最新的 4K 电视机是普通电视机的 4 倍，屏幕上排列着 3840×2160 个像素。同面积屏幕中像素的数量越多，所显示的图像就越细腻，分辨率越高。

由于液晶显示器采用了薄玻璃组合结构，因此它比显像管更轻并且更适合制成较大尺寸的显示屏。另外，液晶显示也可以应用于小型显示器，这对于显像管来说几乎是不可能的。从智能手机到电视机，所有这些产品都应用了液晶显示器，这是因为它的普适性。

不过液晶也有弱点。它最大的弱点是图像明暗的对比度不明显。

液晶显示器具有类似彩色玻璃的特性。液晶的快门能力难以完全将从后方照射过来的光遮住，因此所有快门关闭时所表现出来的黑色总带有若有若无的亮度。

而且颜色要显示出来就必须透过滤光片，所以即便是最亮的状态，和背光本来的亮度相比较，也会多少有些变暗。对比度是通过明亮状态和黑暗状态的差异来表现的，因此明暗两种极端状态都受到制约的液晶显示器和其他显示器相比，明暗差异就不太明显。

然而和液晶显示器同期的还有一种等离子显示器。等离子显示器利用一种把尺寸极小的荧光灯铺设到屏幕上的技术。它是将超小型的电极间所产生的紫外线打到红、绿、蓝的荧光体上发光的。

等离子显示器与液晶显示器相比更适合制成大尺寸显示屏，并且能保证从任何角度观看都能看到同样的显色状态。此外还具有图像切换速度快、不易出现残影的优点，进入 20 世纪 90 年代之后，相关的技术开发开始朝着大型电视机的方向不断发展。

现在仍然有人注重良好的显色性和图像的锐度。但是等离子显示器仍存在一些问题，例如没有液晶显示器那样多的生产制造商，成像机制上不擅长表现高清画面，峰值亮度不如液晶显示器等。因此它慢慢在和液晶显示器的竞争过程中失去了优势，而成本上的劣势却越来越明显，如今将它用于电视机的生产商在不断减少，逐渐把主力位置让给了液晶显示器。

有机发光显示器会取代液晶显示器吗?

采用有机发光二极管显示技术的有机发光显示器已经问世。虽然有机发光二极管类似于作为光源的发光二极管（LED），但用于发光的物质并不相同。近年来，有机发光

二极管被简称为 OLED（Organic Light Emitting Diode）。

液晶显示器的光是由背光源发光透过液晶显示出来，有机发光显示器是自身发光，在这一点上两者是有本质不同的（图 2–4）。有机发光显示器没有液晶显示器的弱点，具有能够表现出纯净的黑色、能更强烈地表现出明暗之间的对比度的特点。此外，有机发光显示器因为色彩表现范围广，所以具有颜色不易浑浊、显色艳丽的优点。

目前有机发光显示器的劣势在于量产能力和成本控制。虽然在应用于智能手机的小型屏幕时控制成本比较容易，但在应用于电视机等大型屏幕时却为了制造出使用寿命长且显

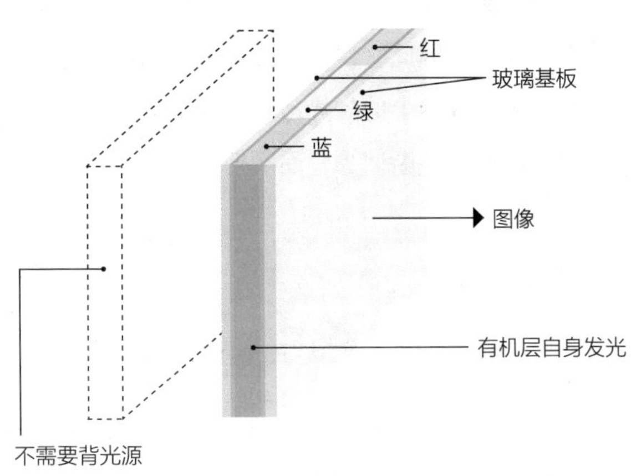

图 2–4　有机发光显示器显示图像的原理

色良好的产品而在成本上高于液晶显示器，因此无法以低廉的成本进行制造生产。

为了提高有机发光显示器的量产能力以降低价格，正在尝试放弃发射红绿蓝三种光的形式，而是采用只发射白光的屏面。这是在屏面上安置红绿蓝三色的彩色滤光片和白色框架，根据所需显示的颜色改变显色区域的技术。

不过这么一来，也牺牲了部分有机发光显示器原本所具有的发光优势。此外，即使采用这项新技术，现实情况也是它在成本控制方面依旧不如液晶显示器。

在有机发光显示器反复试验期间，液晶显示器的技术也在进步，逐渐改善了曾一直被诟病的显色和对比度的问题。今后究竟哪一项技术会成为主流，目前仍然无法预知。

高清电视机的弱点是什么?

高清大屏幕电视机的课题之一是如何播放低分辨率的图像。因为现在的电视机都是以点的集合来显示图像的，所以在显示点的数量较少的图像时，无论怎样图像看起来都很模糊。

例如，分辨率只有高清液晶电视（分辨率 1920×1080）的 1/4 的图像，在这类液晶电视机上会以 4 个点的集合来显示原本画面中的 1 个点。和显像管不同，液晶显示器能清晰地显示出点和点之间的分界，所以画面就会让人感觉不够细腻（图 2–5）。

如果是原图像分辨率的“整数分之一”的话那还好。但实际情况中的分母大多不是整数，如果只是通过放大尺寸来播放图像的话，图像中的人物、场景、物体的轮廓和色泽都会变得相当模糊。

为了解决这个问题，后来的高清电视机都应用了把分辨率低或者分辨率过高的图像修正为符合实际画面尺寸的、视觉上较为舒服的图像的技术。

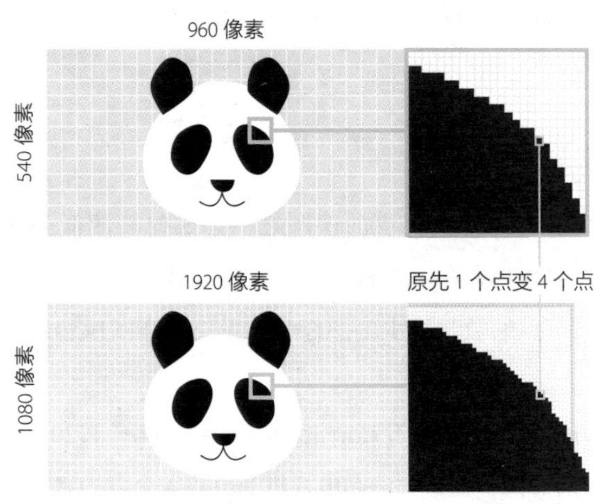

图 2–5　低分辨率图像在高清电视机上播放时，图像不够细腻的原因

一提到让分辨率低的图像看起来舒服的技术，就会让人联想到用高清电视机观看模拟信号电视广播的节目。事实上，这项技术可以应用于很多方面。

小知识

多数液晶电视机的分辨率都是 1920×1080，但日本数字电视地面广播的图像分辨率都是 1440×1080，横向上的分辨率变少了。鉴于此，电视机在显示图像时会将图像横向拉长显示。

如果只有这点差异的话，即便只是单纯放大，图像大概也能看过得去，不过在采用了超分辨率技术的电视机上，通过在横向放大上使用超分辨率技术，可以将图像修正得更加自然。将这两者对比来看，差异就会非常明显了。

如今，多数电视机都具有连接互联网的功能，能观看“YouTube”等网站的在线视频。多数在线视频为了减轻通信负担，都采取了降低信息量的压缩处理。这使得图像分辨率变低，很容易变成细节模糊的、无法直视的图像，这种情况下，修正技术也能发挥它的威力。它能够将在线视频所特有的噪点除去，然后再采用超分辨率技术使视频看起来舒服一些。

让粗糙的图像变美的超分辨率技术

要把低分辨率的图像修正得看起来舒服，具体需要什么样的技术呢？

有一个简单且高效的方法，即着重处理图像的边缘部分。低分辨率图像的关键问题是看起来模糊。为了防止看起来模糊，只要检测出人脸的轮廓和建筑物的边缘部分［明暗（亮度值）变化较大的部分＝边缘］，再将这些边缘部分锐化就能解决问题了。和单纯将图像放大相比，只采用这一个措施就能使图像看起来更舒服、更真实（图 2–6）。

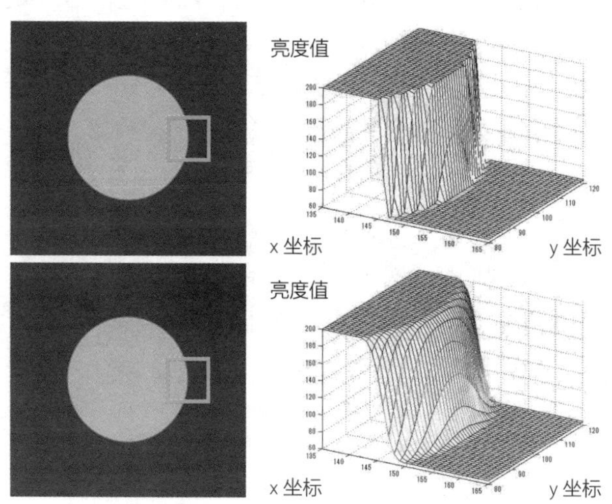

图 2–6　锐化边缘部分的超分辨率技术　关注图像的明暗差异（亮度值），判断出亮度值发生明显变化的地方是边缘部分，然后进行锐化，提高分辨率的同时也保持亮度的差异。

但只是将边缘部分锐化的话，也可能反而使图像看起来不真实。如果将图像中近景和远景的边缘都做了同样的锐化，图像就会失去立体感，变得极不自然。此外，如果锐化太过了，也会导致图像给人的感觉非常生硬。

此时就轮到更为先进的技术登场亮相了。这项技术被称为超分辨率技术，它尤其能根据显示屏的分辨率来对低分辨率的图像进行高分辨率处理。

小知识

其实超分辨率技术的优劣决定了现代液晶电视机的优劣。比如现在最新的 4K 超清电视机，高清电视广播及蓝光光盘的视频质量对它来说已经分辨率不足了。使用了超分辨率技术之后才使得高清图像原本就拥有的实际信息量得以完全释放，看起来仿佛是 4 倍于原先分辨率的图像。

这是能使普通高清的 2K 电视机上看起来好似噪点的烟，看起来像 4K 超清电视机上所显示的细腻缭绕的烟一样的强大技术。换句话说，它不是单纯地放大物体的边缘（锐化），而是进行了像提升了图像本身的分辨率、增加了图像中的细节和信息量一样的超分辨率处理。

小知识

这种超分辨率技术本来并不是为电视机而开发的技术。在 20 世纪 60 年代，它其实是应用于天文学和外太空探索领域的技术。

凭借当时的观测卫星和望远镜技术，经常无法获得高分辨率的天文图像。为了积累天文学的资料，科学家们便开发出了采用将数张粗糙图像组合起来，以修补出从一张低分辨率的图像中无法读取到的细节，从而制作出更高分辨率的天文图像的技术。

这项技术在应用于开发商用图像设备之后，随着高清电视机的兴起，作为使电视图像高清化的技术开花结果了。

如何提高分辨率?

超分辨率技术中也分各种各样的技术，松下电器现在所采用的是数据库型和基于模型的类型两种处理方式。

先从数据库型开始介绍。

首先对完全相同的图像，准备低分辨率的和高分辨率的两种，接着使用有各种图案的图像来反复进行分析这两种图像之间区别的工作，并弄清存在多少个相同的倾向。比如说脸部的轮廓、毛发部分或者森林和烟雾的图像，它们在分辨率下降时数据会发生怎样的劣化，每种图像都有其各自的特征。弄清数据怎样劣化极其重要，通过逆向计算这类信息就能找到修补数据的方法。

让我们来具体看下吧。先把对象图像分割成细小的区块，再将各个区块分别和超分辨率专用数据库进行对照，然后根据匹配上的样本来判断如何对该区块进行处理，最后实现对整个图像的适当超分辨率处理（图 2–7）。

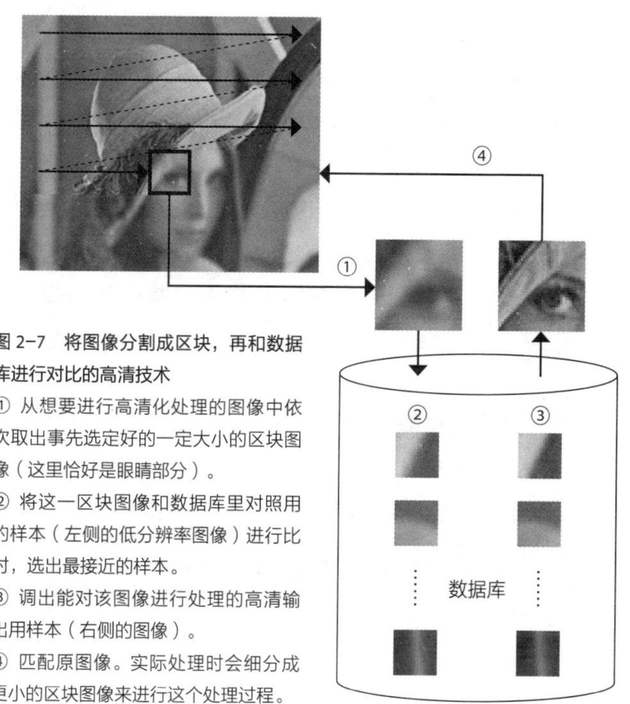

图 2–7　将图像分割成区块，再和数据库进行对比的高清技术

① 从想要进行高清化处理的图像中依次取出事先选定好的一定大小的区块图像（这里恰好是眼睛部分）。

② 将这一区块图像和数据库里对照用的样本（左侧的低分辨率图像）进行比对，选出最接近的样本。

③ 调出能对该图像进行处理的高清输出用样本（右侧的图像）。

④ 匹配原图像。实际处理时会细分成更小的区块图像来进行这个处理过程。

这种方法中的关键点有两个，第一是如何对图像进行适当的区块分割，第二是如何准备好精度高、内容丰富的超分辨率专用数据库。刚才说明时是将脸部的轮廓和毛发分开的，而实际情况却复杂得多，需要进行细致的样本分类。以松下电器为例，4K 超清需要准备 12 万个样本，即便是 2K 高清也需要准备 3 万个样本。

小知识

其实这是为了在电视机零部件的成本许可的范围内获得最佳效果，控制住了样本数量。事实上，在开发阶段需要对几千万个样本进行分析，在彻底弄清有效的因素之后，为了组装进作为商品的电视机中，抽取出最适用的样本。虽然一个电视画面的超分辨率处理所需的时间甚至不超过 1/100 秒，但在开发阶段的分析工作过程中，一帧图像的分析有时就需要花费一天以上的时间。

最新的基于模型的类型的超分辨率技术是首先判断所拍摄下的图像原本是用什么器材拍摄的。接着在识别了该图像是以电视广播、光盘、网络发布等中的何种方式输入电视机的之后，依据这些图像各自所具有的特征信息来尝试进行更合适的超分辨率处理。

下一个目标是刷新对颜色的认识

在最新型的电视机中，和高分辨率同时进行的功能扩展是对颜色的重新审视。

小知识

其实从模拟信号时代开始，电视机的弱点一直在色彩方面。我们人类的视觉相对于亮度的变化，对颜色的变化反应更迟钝。因此，从显像管时代到现在，一直是通过削减拥有大量信息的图像里的色彩信息来实现电视广播的。

此外，历来的液晶显示器在显色性和对比度方面的不足成了实现超高画质的瓶颈问题。

但是伴随着技术的进步，无论是数据量的问题，还是液晶显示器的色彩表现力的问题都基本得到了解决。对于提升画质影响尤其巨大的因素，一个是背光控制和图像处理技术的结合，另一个是开发出了色彩表现范围广的背光系统。

液晶显示器是依靠背光系统来形成图像的。因此首先要分析图像的暗处和亮处，再根据分析结果产生控制背光的技术。它会改变亮区和暗区里的背光的发光强度。凭借这项技术，图像的对比度得到了提高，再配合显色能力优异的背光系统，就能表现出更准确的色彩了。

为了配合亮度的变化，必须控制图像的亮度和显色，因此，不只是背光的控制技术，针对图像的实时分析和调节技术也必须得到发展。在电视实现超高画质的过程中，这样的技术组合非常重要。

还有一个因这些变化而出现的是高动态范围成像（High Dynamic Range imaging, HDR）技术。

诸如夏日的刺眼阳光和刚通过隧道后所看到的耀眼的光等，在日常生活中有很多明暗差异强烈的瞬间。像这样的场面，对于普通电视图像来说是很难实现的。

但 HDR 技术凭借着事先通过其他途径收集的亮度差异的数据来更精确地控制显示图像时的背光，从而丰富明暗区域的表现力。由于这项技术的发展，显色也变得更为丰富。

通过处理同一色域 / 对比度内的图像，制作出具有更高动态范围的图像，这样的技术早已存在。照相机等采用的 HDR 技术几乎都是这个。但是电视机应用的 HDR 技术是通过其他途径获取动态范围信息来提升画质，与此完全不同。

小知识

其实一般流通的图像中通常并没有附带动态范围信息。但在 2015 年制定的新一代光盘标准（Ultra HD Blu-ray）中，除了加入了在图像中附带动态范围信息的方法外，在通过互联网发布的视频中，也开始同时配有动态范围信息以提升画质。

今后，在电视广播的发展过程中，在提高分辨率的同时也会考虑采用 HDR 技术。

07

录像机 / 蓝光光盘

改变了电视机使用方式的录像文化

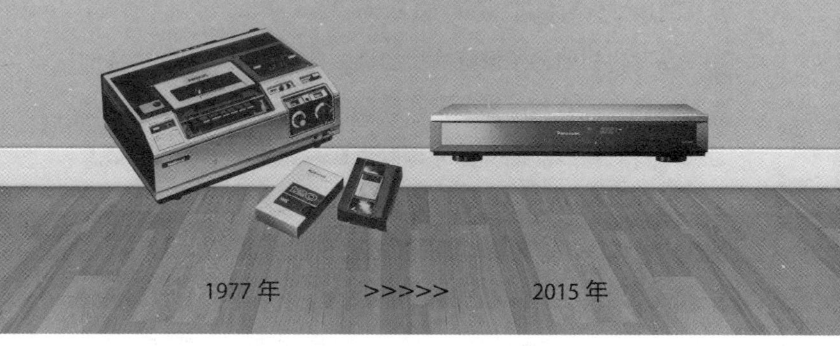

新业务推动普及化

录像机（录像带）原本是电视台在制作节目时使用的专用设备。面向家庭的小型化 / 廉价化的产品是在 20 世纪 70 年代中期出现的。

随着 1975 年索尼发售 Betamax 格式的录像机，1976 年日本 JVC 公司发售了 VHS 格式的录像机，各生产商之间的竞争宣告开始。之后的竞争持续了十几年，最终由于除了索尼公司以外的几乎所有企业都采用了后者，因此 VHS 格式的录像机作为家用录像机取得了最后的胜利。

应该还有人记得当时的市场竞争给消费者造成的不知所措吧，但同时激烈的竞争也加速了技术进步，成为录像机普及到普通家庭的契机。

在发售初期，录像机的功能最多是能够录制电视广播的节目来欣赏。直到电影公司开始出售录制了整部电影的录像带，出售影像产品的交易才得以出现。其实电影公司在最开始的时候并没有预料到影像产品销售会成长为一个巨大的市场，但该市场却随着家用录像机的普及而急速扩大。

最初市场上的影像产品价格相当贵，使得在店铺里租借录像带的生意盛况空前，通过租借方式就能花很少的钱轻松地看到电影更激发了家用录像机的需求。随着录像机不断普及，出现了面向录像带的原创作品等，廉价贩卖影像产品的交易也出现了。影像产品和录像机之间的相互促进产生了协同作用，在这样的过程中，录像带的使用方式发生了巨大的变化。

VHS 格式的录像机是把影像记录在录像带上。记录制式是模拟信号，具体来说是把影像转换成电视广播所使用的影像信号之后，再以“磁性强弱”的形式记录到录像带上。

它的缺点是，转换后的电视广播制式如果属于同一个制式，同样的录像带可以在其他电视机上播放，但如果不是同一个制式，就会无法正常播放。比如美国和日本同样都是采用 NTSC 制式，所以能够互通，而如果是在采用 PAL 制式的欧洲录制的录像带就不能在日本的录像机上正常播放。

小知识

能够记录的影像长度基本等于录像带的长度，如果缩小写入一个画面信息的面积，并降低录像带的卷带速度来播放，就能记录更长时间的影像。VHS 格式的录像机中广泛使用的、影像记录时间延长了三倍的三倍录像模式正是应用了这个原理。

日本独有的录像文化

无论是 VHS 格式还是 Beta 格式的录像带都存在一些不便之处。当影像播放到最后时，如果要返回到影像开头，必须“卷回去”。薄薄的录像带很容易产生损伤，一旦出现了损伤，画质就会降低，甚至无法正常播放。保存方式的不妥容易导致生锈，因此不适合长期保存。

为了从根本上解决这些问题，唯有转移到其他媒介上去。像唱片一样的圆盘形媒介（磁盘）虽然不需要卷回去，但记录模拟信号的话会增加噪点，无法大幅度提升画质。为了转移到耐损且能实现高画质的媒介上，只有将模拟信号记录方式变为数字信号记录方式。

对于涉足影像出售的电影界来说，持续使用录像带存在着许多问题。因为在生产录像带的时候，必须依次给每盒录像带“录入”影像。虽然采用了高速录入技术，但生产一盒录像带最少也需要几分钟，效率很低。为了提高生产效率，降低成本以便廉价出售，必须使用耐损的数字技术，并要在短时间内生产出影像产品。

研发人员想到了唱片和 CD。整个影像业界都在寻求一旦制作好了“母盘”，就能像制造邮票一样轻松进行量产的媒介。

由此诞生的是和 CD 同样采用数字信号记录方式的光盘——DVD（Digital Versatile Disc）。

为了记录 CD 无法做到的高画质影像，制定了大容量光盘的标准来用于影像记录。

DVD 是在 1996 年最初的播放器面世以后迅速普及开的。在那之后的 20 多年里，影像发布的媒介都以 DVD 为主。

因为 DVD 难以实现高清，所以电影销售的媒介转向了蓝光光盘（Blu-ray Disc），但是包括个人电脑和游戏机在内的设备，普遍都能播放 DVD，生产成本也压到了一张几十日元以下，因此无论是租赁或出售，还是附赠在书籍或杂志中，DVD 以压倒性的优势广泛应用于各个方面。

但是 DVD 仍存在各种各样待解决的问题。特别是从开始出售到确定它为录制电视节目的媒介花费了近 10 年的时间。其中一个问题就是在刚开始出售 DVD 时，录制专用光盘的标准尚未制定。

小知识

录制电视节目的习惯主要在日本流行，其他国家并不流行使用录制功能。世界上对家用录像机的需求主要集中在播放影像产品，制定 DVD 的标准时，也因为采纳了来自电影公司等地方的意见，最初仅仅制定了播放专用光盘的标准。

像 VHS 格式录像带那样能记录 / 保存影像的刻录用 DVD 出现在 1997 年以后，DVD 录像设备的普及是 2000 年后才开始的。而且刻录用 DVD 存在“DVD-R”“DVD-RW”“DVD-RAM”“DVD+R”“DVD+RW”等多种规格，纷繁复杂，这个现象让使用者无所适从，也加剧了混乱局面。

另一个问题是 DVD 所能刻录的时间不够长。DVD 的容量是单面 4.7GB。这样的额定容量只能刻录 2~3 个小时的普通画质的视频。虽然降低画质就能刻录更长时间的视频，但是这样并不能解决 VHS 格式时遗留下来的问题。

能解决这个问题的方法之一是 2000 年左右才开始出现的硬盘刻录方式。硬盘的容量是 DVD 的百倍以上，能保存几十甚至几百个小时的影像。硬盘读取速度也很快，在操作性方面也有改进的希望。

现在的录像方式主要是先把节目记录到硬盘上，再选择需要的影像转录到 DVD 或者蓝光光盘上。

2011 年，完全实现了数字电视地面广播，录像设备也由使用 DVD 变成了使用蓝光光盘。因为数字电视地面广播的兴起推进了影像高清化，并且信息传输量也得到飞跃性提升，由此DVD的容量开始显得不足，所以更先进的蓝光光盘成了主流。

蓝光光盘是从标准制定刚开始的时候就将录像用刻录型光盘作为目标进行开发的，所以没有发生像DVD那样规格混乱的局面，普及工作也进行得很顺利。

为什么能够自动设定章节

现在的录像设备能够非常轻松地对录制好的节目视频进行“标记”。录像带时代时必须得卷回去或按快进按钮才能看到想看的画面。使用硬盘之后除了不再需要“卷回去”，还能把标记位置作为“章节”来进行区分管理，任何时候都能很容易地看喜欢的那一段视频。

实现这种便利性的关键在于章节的自动设定。在录制节目时，几乎所有的录像设备都能自动对节目的正片和广告之间或者节目内的大段落内容进行“章节”设定。播放时，只需按下遥控器上播放下一章节的按钮，就能马上转移到播放下一章节的视频。

小知识

最新的录像设备能通过网络获取节目内容相关的信息，给电视节目制作出“目录”，于是便可以直接观看自己喜欢的那一段，也可以从目录中把美食节目里喜欢的拉面的环节找出来观看。

章节的自动设定是怎样进行的呢？

在播放的电视节目里当然没有自带“章节”信息。完全都是由录像设备自行判断区分的。

章节区分时所依据的信息有两种。

第一种是声音。即使在同一个节目里，随着画面变化，音量和声音的性质也会发生很大的变化。广告和正片之间有差异是肯定的，假设是足球之类的体育节目的话，得分时的画面和非得分时的画面里，声音的热闹程度是完全不一样的。如此一来，就能根据音量或声音内容（单声道和立体声的切换点等）发生大变化的位置来判断出画面的变化了（图 2–8）。

第二种是影像。找出影像内容有很大变化的画面来作为画面变化的转折点进行章节设定。

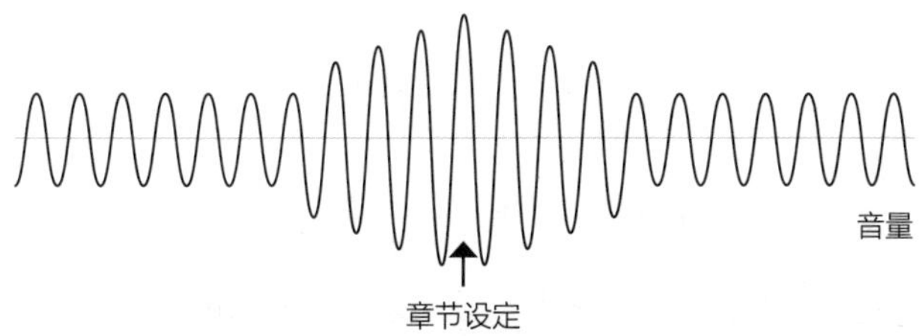

图 2–8　根据音量变化自动设定章节　时常监视着音量大小，判断音量变大的画面等，自动设定章节。

小知识

其实为了让观众听起来更舒服，声音会在场景变换前后拉开一定时间间隔平缓地变化。所以只依据声音的变化来检测画面，有时会和实际场景变化错开 1 秒左右。因此在根据声音变化认定大致的画面切换点的基础上，再检测出画面变化的转折点，便能检测出精度更高的画面切换点（图 2–9）。

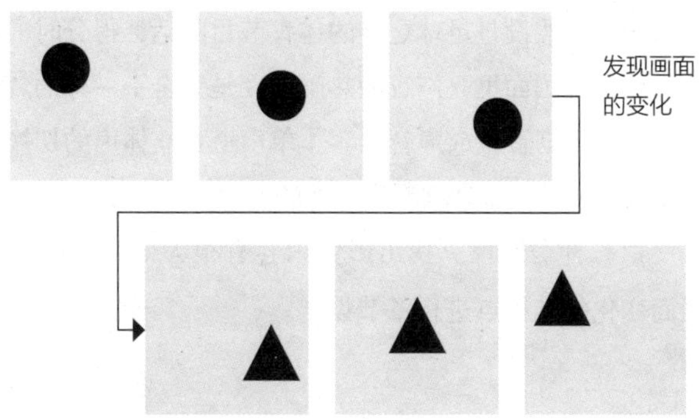

图 2–9　根据画面变化自动设定章节　监视每一帧画面，判断画面切换点 = 节目的分界线，自动设定章节。

所有的影像都经过了压缩处理

这种画面检测技术还会用在压缩影像的时候。

影像是一组非常巨大的数据。即便是模拟信号电视广播时代的画质，30 分钟左右的视频也约有 50GB 的数据量，如果是数字信号电视广播的高清（HD）画质，30 分钟左右的视频就能达到约 260GB 的数据量。要有效利用如此庞大的数据，没有压缩技术是不行的。

压缩是指间隔剔除肉眼不易分辨的部分的信息，使整体容量大幅度下降的技术。这项技术的关键在于如何在保证整体视频高画质的前提下减小容量。

小知识

其实现在市面上所有的影像资料都是进行压缩后保存的。30 分钟标清视频的数据量通常是 1GB 不到，高清的话数据量也会缩小到不到 6GB。容量的压缩程度约为 1/40 到 1/60 不等。当然，压缩率越小，画质越高，所以画质由高到低的排列是市面上出售的影像产品→录像设备的高画质模式→录像设备的长时间记录模式。

为什么容量能被如此大幅度地压缩呢?

现在用来压缩影像的是被称为动态图像专家组（Moving Picture Experts Group, MPEG）的视频压缩技术。该技术在压缩影像时会把数张画面汇总到一起，作为一个区块来进行处理。这个区块叫作 GOP（Group Of Picture）。

接着在每一个 GOP 里，将第一帧画面和剩下的画面进行比较，从中检测出影像里动态变化较大的部分。最后原封不动地保存 GOP 的第一帧画面，剩下的画面则保存每帧画面的动态变化方向（运动矢量），而非整帧画面。

假设有一段主持人在演播室的背景前播送新闻的视频，背景几乎是不动的，只有主持人和字幕条在动。针对这类视频，

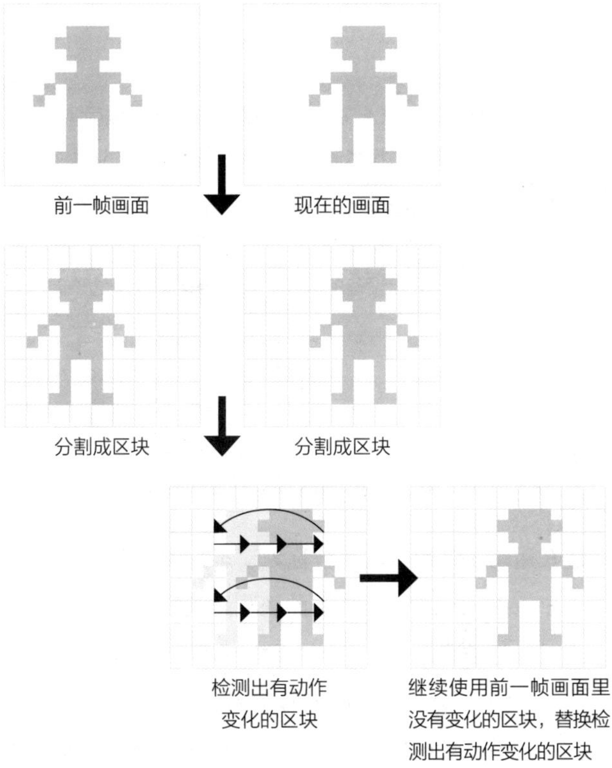

前一帧画面

现在的画面

分割成区块

分割成区块

检测出有动作变化的区块

继续使用前一帧画面里没有变化的区块，替换检测出有动作变化的区块

图 2–10　MPEG 视频压缩技术的原理

极端情况下可以只提取出那些会动的信息，这样就能在保持高画质的前提下大幅度缩小容量了（图 2-10）。

由于现在大多数家用影像设备里的 GOP 均设定为 15 帧画面（约 0.5 秒），因此可以认为视频是以 0.5 秒为单位集中进行压缩的。

选出每一帧画面最合适的压缩方式

为了实现保证高画质的压缩处理，画面检测技术该如何应用呢？这里有两个要点。

第一个要点是给每一帧画面分配最合适的数据量。采用因为会使每个时间段的数据量（比特率）发生变化而得名的可变比特率控制技术，它是用于 DVD 和蓝光光盘刻录的压缩技术。

一个完整节目的总信息量是由记录模式决定的。如果是高画质模式，记录时就需要投入很多数据来抑制画面的劣化，而长时间记录模式则只会用较少的数据量来保证画质，把记录更长时间放在第一位。

可变比特率控制技术能根据检测出的画面特征，对由录制模式选择所决定的节目的总数据量进行适当分配，并记录下来。针对动态变化大的画面或者包含较多细节的画面，它

会投入更多的数据量，相反，对于动态变化少或者细节较少的画面则分配较少的数据量，因此在总数据量的范围内，它可以保证画质的均衡并进行高效的压缩处理（图 2–11）。

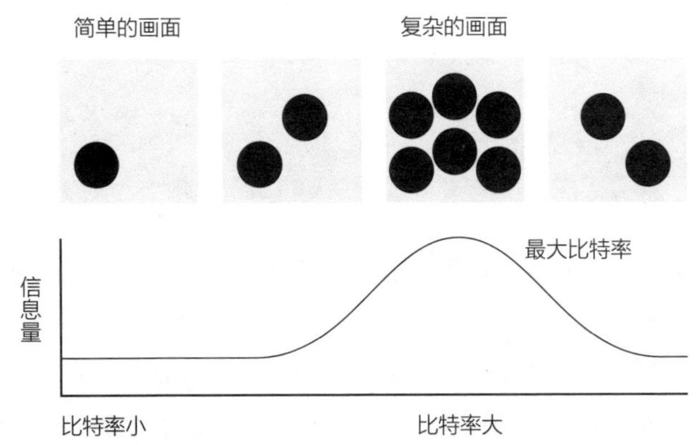

图 2–11　可变比特率控制技术的原理　在画面内容变大变复杂的地方容易因为压缩产生噪点，所以分配更多数据量。

第二个要点是根据所检测出的画面对压缩方法进行细微的调整，从而实现高画质压缩处理。比如，一个动态变化较大的运动类画面中，会对动作极易产生的噪点进行强化处理，或者如果是动态较少的风景画面，则会通过重建容易损坏的细节部分来保证画面的细腻程度，这些都是根据具体画面进行最合适的压缩处理，即使是长时间记录模式的影像也能保证清晰且噪点少。

提升同面积信息密度的历史

如前文所述，现在需要利用录像设备记录影像时，硬盘是首选。但硬盘终究是用于临时记录的，一旦硬盘出现故障，所记录的影像就会全部丢失。要切实保存好有价值的影像，必须准备好转录用的光盘。

如今用于这种用途的是 DVD 和蓝光光盘。随着高清电视的普及，记录媒介也从小容量的 DVD 向蓝光光盘转移。

DVD 和蓝光光盘以及 CD 一样，同属激光光盘，都是把激光打到光盘上，根据反射光的强弱来读取数字信号的。当激光打到光盘上时，会闪耀出七彩的颜色。这是由于光反射的强弱不同而相互干涉，生成彩虹色条纹。

按 CD → DVD →蓝光光盘的顺序，记录容量依次变大，但光盘的尺寸却都是相同的。也就是说在不断挑战“同面积中能装入多少信息”的历史过程中一次次产生了新一代的光盘。

小知识

CD 是以极其细小的凹坑（沟槽）的有无来记录信息的，CD 中最小的沟槽长为 0.83μm。DVD 中最小的沟槽长为 0.4μm，蓝光光盘中最小的沟槽长为 0.15μm（图 2-12）。

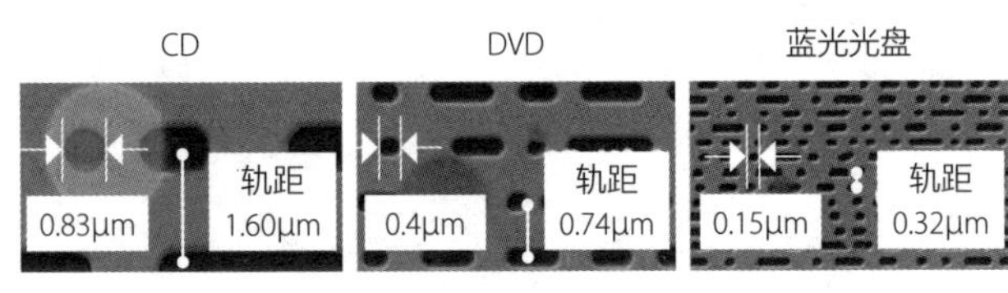

图 2-12　光盘中的沟槽

因为要从如此细小的沟槽里读取信息，所以无法完全防止由污垢或损伤引起的读取错误。虽然这类问题基本都能用错误修正技术进行自动修正，但如果被指纹或手指上的油脂弄模糊了的话，就需要擦拭后再使用。

小知识

顺便说一下，读取蓝光光盘用的激光波长为 405nm（0.405μm），而当激光打到光盘上时直径（光点）为 0.5μm。这个波长范围的激光不是 CD 或 DVD 所使用的红色激光，而是蓝紫色的激光。蓝光光盘的名字就是这么得来的。

蓝光光盘的结构改革

在光盘驱动器的内部，有一道激光打到高速旋转的光盘上并读取反射光，这个高速旋转大有讲究。

其实每一张光盘的表面并非呈完全的平板状。由于厚度并不平均，重心多少有些偏离中心点，即便很轻微，也难以避免边振动边旋转。尤其是廉价且品质低劣的光盘，旋转时的振动幅度往往会更大。有些部分通过控制旋转或调整读取激光头的角度来补救，但对于蓝光光盘这样进行精细记录的光盘，能够控制的范围就有限。

为了解决这个问题，蓝光光盘采用了和传统光盘不一样的结构。

普通 CD 的构造是在记录层的上面覆盖着一层 1.2mm 的聚碳酸酯（基板），激光打在这层基板上。DVD 的基板厚度是 0.6mm，只有前者的一半，记录层设置在光盘的中层。和这二者不同，蓝光光盘的保护层非常薄，只有 0.1mm（图 2–13）。如果保护层太厚的话，当光穿透过去的时候，容易受到光盘倾斜度或弯曲度的影响。保护层薄，这方面的影响就会变小。

为了让保护层变得极薄，它的材料通常采用聚碳酸酯，但这么一来就会降低耐损能力。DVD 和 CD 都不耐损，哪怕只是用纸巾用力擦一下都会留下划痕。

蓝光光盘的保护层则采用了叫作硬膜的、极其坚硬的树脂材料。硬膜材料本身就具有油脂或灰尘难以附着的特性，所以如果只是用纸巾或布等轻轻擦拭的话，是完全不会留下任何痕迹的。有了这种材料，虽然蓝光光盘是精确记录信息的媒介，但人们可以毫无顾虑地使用它。

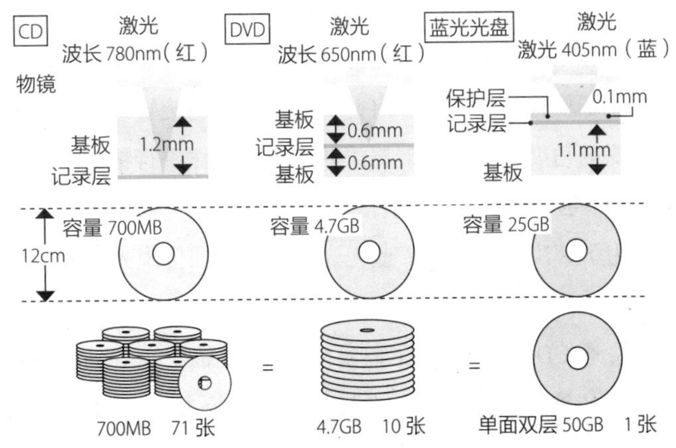

图 2-13 蓝光光盘和其他光盘的比较 虽然构造上非常不同（上），但外形和尺寸是一样的（中）。1 张蓝光光盘能记录 71 张 CD 的内容（下）。

小知识

用于刻录的光盘中还有一个秘密。

市面上出售的刻录好的光盘是用沟槽来记录信息的，而用于刻录的光盘并不是这样的。用于刻录的蓝光光盘是用染料或金属的相位变化来记录信息的。

只能刻录一次的 BD-R 光盘的盘面上涂着一层特殊的染料，刻录时，激光打在那个部位会发生“变形”，由此产生反射光的强弱变化。这样不但使用廉价的材料就能制作光盘，而且使用让染料变形的方式，同一个部位的信息就不能再被“覆盖”了。

能反复刻录的 BD-RE 光盘是让强烈的激光打在一层特殊的金属上，利用金属结晶发生非晶质化时光的反射率会变化的特性来记录信息。因为随着激光打上去的时间的变化，结晶和非晶质之间会来回转化，所以可以反复使用。

这两种方式与用沟槽来记录信息相比较，存在光的反射率的差总是很小的缺点。另外，作为大容量蓝光光盘的多层蓝光光盘，其记录层的层数从 2 层到 4 层都有，通过改变读取用的激光的对焦位置来读取各层的数据。此时激光是透过上层后再打到下层的，所以反射率会更低。

从 2016 年开始正式出售的可以刻录 4K 影像的光盘 Ultra HD Blu-ray，能把比 2K 时代容量更大的影像数据刻录到最多 3 层记录层的光盘上。

只有具备了能够正确读取如此细微的反射率变化的控制技术和信号处理技术，人们才能够自由自在地欣赏丰富多彩的高清影像。

08

数码照相机 / 摄像机

动态图像和静态图像交替产生技术革新

2001 年 / 1981 年　>>>>>　2015 年

现在已经进入了提起照相机就是指数码照相机的时代。发明于 19 世纪，席卷了整个 20 世纪的胶片照相机到了今天已经成了爱好者们的专属奢侈品，而在当今的日常生活中，将照片记录为数字信息的数码照相机随处可见。

要了解数码照相机，首先需要了解照相机的发展史。让我们先来看下照相机的基本结构。

现在的照相机都是通过镜头捕捉光线并把所成的像记录下来的（结构见图 2-14）。在数码照相机出现之前，都是利用放在成像单元的、经光照后物理性质会发生改变的物质来

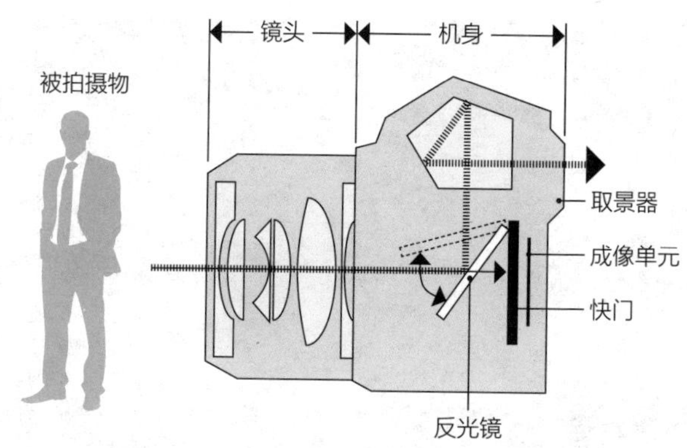

图 2-14　单反照相机的结构　拍照时，快门打开的同时，反光镜弹起，被拍摄物的图像就会被反射到成像单元。在成像单元，胶片照相机安装的是胶片，数码照相机安装的是图像传感器。

记录图像的。

曾经的胶片照相机因使用涂满了感光剂的胶片而得名。因为感光剂采用了卤化银（溴化银、氯化银、碘化银等），所以用胶片照相机拍摄的照片也被称为银盐照片。

数码照相机拍摄时不使用胶片，而是在成像单元安装了图像传感器（图 2-15）。

图像传感器能将接收到的光学图像转换成数字信息，再保存到存储卡里。虽然数码照相机在机械构造等诸多方面都和胶片照相机不同，但是在接收光并记录成像这一方面，二者并没有什么不同。

事实上，数码照相机在作为拍照设备的发展过程中并不

图 2-15　图像传感器是数码照相机的“眼睛”

是必然会出现的。那为什么会出现数码照相机呢？让我们看看包含着这个答案的照相机发展史吧，其中也包括摄像机所起到的推动作用。

 35mm 胶片源自哪里？

19 世纪，照相机的胶片是用一块涂满了卤化银的玻璃板来感光的。不久后，出现了使用更简便的胶片。

照相机专用胶片的代表，装在一个小金属盒里的“35mm 胶片”出现于 20 世纪 10 年代，并在 1934 年成为图 2-16 所示的样子。它的名称是因为胶片宽度为 35mm 而得名的。

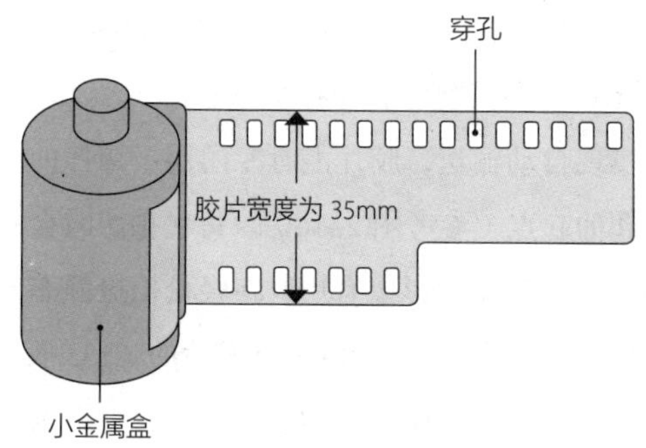

图 2-16　照相机专用胶片的代名词“35mm 胶片”

小知识

其实这种 35mm 胶片的规格原本并不是为了“静态画面”而制定的，而是从电影拍摄专用的“70mm 胶片”衍生出来的。也就是说和照片的发展过程相反，胶片相关的技术是按动态影像→静态画面的顺序发展而来的。

动态影像利用了人眼的残影机制，快速切换多张照片，使所拍摄的静态画面看起来像在动。就像哗啦哗啦翻漫画书一样，准备许多照片（静态画面），也哗啦哗啦地快速切换的话就会变成动态影像。

19 世纪时，随着照片技术的推广，动态影像的技术也很快问世了。由于最开始的时候，照片的感光需要花费很长时间，所以没有制造出拍摄动态影像专用的摄像机，而一旦感光时间变成只有几十分之一秒，能自动地一帧一帧输送感光胶片、依次进行摄影的摄像机便马上问世了。

为了实现自动输送，胶片上有专门用于钩挂的小孔，也设计了小孔的起点（参考图 2–16）。每次拍照时会一帧一帧卷动的结构不但对动态影像有用，在轻松拍摄静态画面时也有用，所以在小金属盒中装入 35mm 胶片的“135 胶片”被标准化并得到了普及。在照相机的发展史上，静态画面和动态影像是关系极其亲近的兄弟俩。

 数字化发展是动态影像在先

静态画面与动态影像的关系在数码照相机的诞生过程中起到了一定的作用。

以电信号记录影像代替胶片成像的尝试其实不是从拍摄静态画面开始的，而是从拍摄动态影像，即摄像机的出现开始的。

摄像机的发明如果没有电视机的存在就无从谈起。在电视机出现之前，影像基本都是用胶片来记录的。由于胶片显像需要时间，所以不适用于直播。为了满足不断增多的电视广播需求，通过胶片成像以外的方法记录影像是必不可缺的。

首先出现的是商用摄像机。在其问世之后超过 50 年的时间里，摄像机里一直使用的都是叫作摄像管的元件。这是

一种利用了当光照射到某些物体上时，从物体表面会释放出电子的光电效应，将受光部件放在真空玻璃管中的元件（图 2–17）。

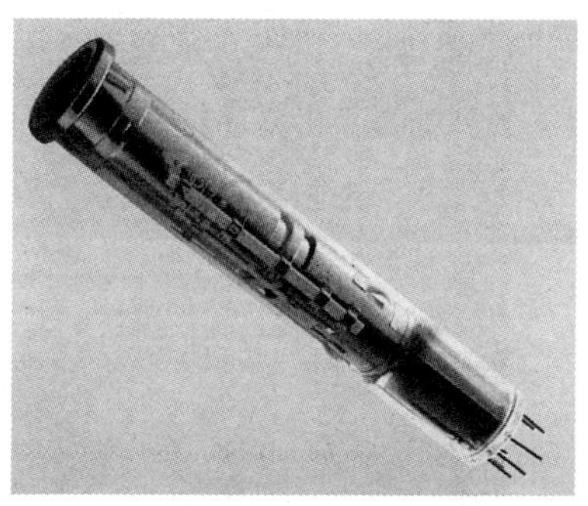

图 2–17　摄像管

小知识

摄像管所接收到的光线的分辨率并不高，因为是将这样的光线以模拟信号的形式进行记录，所以影像容易模糊不清。毕竟模拟信号时代的电视广播所携带的数据量没有那么多，所以基本还能满足需要，但是无论如何都难以缩小和用胶片拍摄的影像之间的差距，因此在很长一段时间里，一直被认为“照片和电影用胶片，摄像管专用于电视机”。

摄像机的价值得到大幅度提升是从家用小型摄像机普及之后开始的。在日本这种设备叫作摄像机，但在美国等国家，将摄像设备和存储设备（当时的主流是录像带）结合在一起的产品叫作摄录一体机。

1980 年，JVC 公司成功开发出了小型摄像机，并作为家用摄像机在 20 世纪 80 年代前期逐渐商品化，摄像机小型化的竞争从此拉开帷幕。如图 2–18 所示，摄像机以每家一台的趋势迅速普及。最初的摄像机是适应当时电视机标准的模拟信号记录型，无论是画质还是分辨率都说不上好。

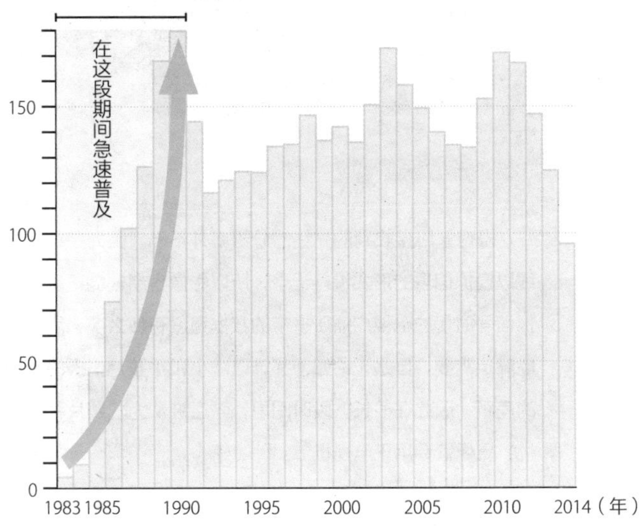

图 2–18　家用摄像机普及情况的变迁（单位：万台）　1997 年以后，数码照相机成为主流。

但是谁都可以轻松地把重要时刻以动态影像的形式保存下来，这样的概念对人们的冲击非常大，所以摄像机一下子就确立了影音领域里广受欢迎的家电的地位。

数码照相机是摄像用的还是拍照用的?

在摄像机小型化的过程中起到巨大作用的是半导体图像传感器。使用玻璃材料的摄像管不但尺寸大，而且价格昂贵，而半导体的元件非常小，大量生产的话价格也很便宜。

使用半导体材料使小型化、廉价化和提升画质得以同时发展。随着图像传感器技术的不断进步，提升画质和小型化 / 廉价化的发展直到今天势头依然迅猛。

图像传感器技术的进步所推进的摄像机的发展到了某个时间点开始向人们展现出了它的另一面。胶片能在照片领域独占一席之地是因为它的高分辨率和色彩表现能力。而图像传感器都是针对动态影像的特点而开发的，它更偏重于每秒能记录 60 帧图像，而非 1 帧图像的分辨率，但随着图像传感器技术的进一步发展，开始出现了探索在这种图像传感器的设计中进行改动，来制作面向静态画面的产品的生产商。这件事发生在 20 世纪 80 年代末。

刚开始时，新产品的分辨率很低，只能拍摄出与胶片照片的品质相去甚远的影像，不过谁都清楚，这样的差距肯定会越来越小。

曾一直采用模拟信号来记录的摄像机首先从录像带的记录方式向数字化迈出了一步。1994 年制定了 DV 标准，这种方式转眼就在画质和存储设备的尺寸两方面远远超出了曾是家用摄像机主流的 VHS 格式的摄像机。如果将这些技术用于静态画面的话，一定可以制造出拍摄精美照片的照相机。

从 20 世纪 80 年代末到 1995 年间，数家生产商开发并商品化了数字记录方式的照相机。虽然当时价格不菲，不能说是面向普通大众的产品，但自从 1995 年卡西欧公司以 65000 日元的价格向市面上发售 QV-10 数码照相机之后，众多生产商开始追随这条路线。

以此为分界线，之后无论是专业人士还是普通用户，使用的照相机几乎都换成数码方式的了。图像传感器，以及对从图像传感器所获信号进行处理的技术，完全改变了人们对照相机的认知。

不久，影像处理能力的提升使得摄像机的性能发生了本质上的变化。

现在一说起数码照相机，大家是会想到拍视频专用的呢，还是会想到拍照片专用的呢？是不是没想过这个问题所以不太好回答呢？

初期的图像传感器，面向动态影像的和面向静态画面的特点大为不同，其接下来的处理过程当然也是不一样的。所以，摄像机和数码照相机曾一直属于不同产品，而在现在的市场上，两者之间的界限已经变得极为模糊了。

主要用于拍摄静态画面的数码照相机中也必然会附带拍摄动态影像的功能，而摄像机也会具备拍摄静态画面的功能。所以从现在开始，除非另有说明，这两种设备都会归为数码照相机来向大家介绍。

把光变成数字信息的图像传感器的工作原理

纵观整个照相机的发展历程，会让人想知道现在的数码照相机是如何把影像数字化并记录下来的，让我们一起来探究一下它的原理吧。

通过镜头接收到光，在图像传感器里将光学图像转换为数字信息，这个基本原理在所有数码照相机里都一样。但比图像传感器靠“前”的结构是随照相机种类不同而变化的。

为了更容易理解，我们先来学习下比图像传感器靠“后”的结构吧。图像传感器是把光学图像转换成电信号的设备。约在 2005 年之前，主要使用的是叫作 CCD（电荷耦合器件）图像传感器的硬件，而现在以 CMOS 图像传感器为主。

CMOS 表示一种半导体结构，并不一定为图像传感器所专用，也是计算机 CPU 或者存储器中常见的半导体结构。由于它能用于制作其他的半导体结构 / 设备，凭借着量产，有利于降低价格和提高技术，所以得到了迅速的普及。

图像传感器呈类似于铺满了大量光电二极管（PD）的结构（图 2–19）。产品性能列表等处标记的“○○万像素”，指的就是所铺设的 PD 的数量，这个数值越大，分辨率就越高。

现在的图像传感器能够感知光线的强弱，但对色彩却无法感知。因此需要事先确定好哪个 PD 负责哪种颜色，再把从各个相关 PD 处收集到的信息合成起来，最终形成影像。

由于光是由红、绿、蓝三原色组成的，因此 PD 也是依据这三原色来分工的。但是分别负责红绿蓝各个颜色的 PD 数量并不相同。因为人类的眼睛对绿色的敏感度特别高，所以很多情况下比起负责其他两种颜色的 PD 数量，负责绿色的 PD 数量更多。使用范围最广的排列方式是绿色数量成倍于红色和蓝色数量的拜尔阵列（图 2–20）。

不过，摄像机有时并不使用拜尔阵列，而是准备三个图像传感器，分别对应“红色用”“蓝色用”“绿色用”。其原理是用棱镜对通过镜头进入的光进行分光，再把各束光分别引导到负责相应颜色的图像传感器里。这样的结构使得不

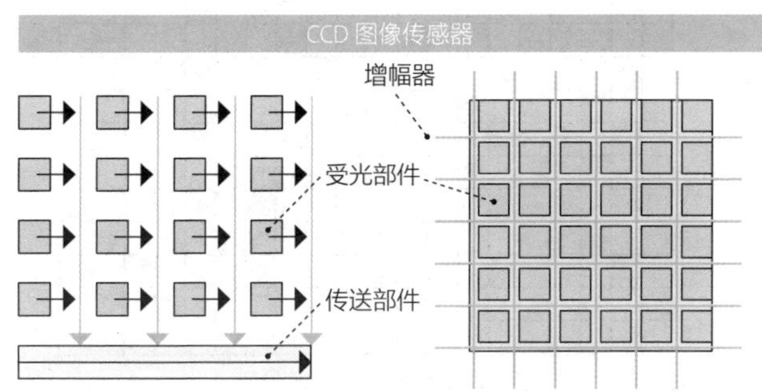

CCD 图像传感器是按顺序向电极施加电压，接力式传送电荷，最后实现增幅。

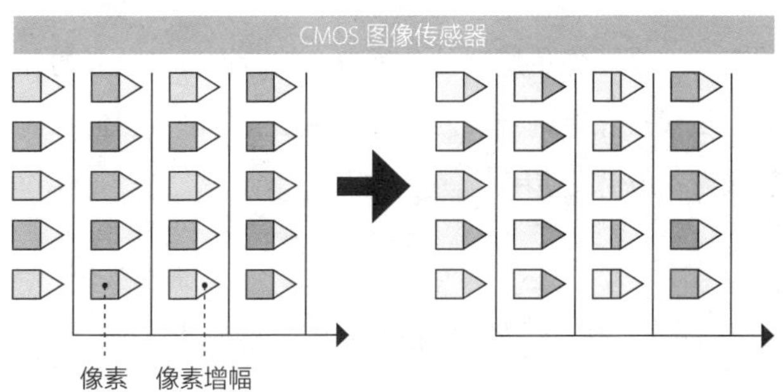

CMOS 图像传感器的各个像素是由一个光电二极管和一个 CMOS 半导体管组成的开关所构成的，每一个像素都会进行信号增幅。另外，呈格子状排列着的各个光电二极管上都装着开关，这些开关依次切换，就会直接读出每一个像素，从而实现高速传送。

图 2-19　图像传感器的结构图（和 CCD 的对比图）

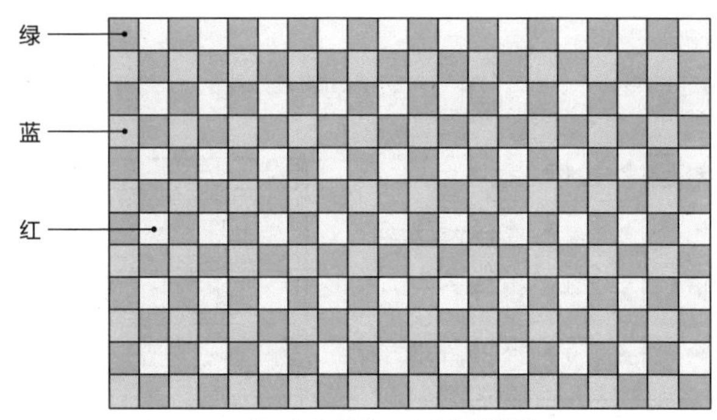

蓝、红和绿成 1:2 的比例排列

图 2-20 拜尔阵列

必提高每一个图像传感器的分辨率，就能提高对色彩的分辨能力。虽然现在这种结构的应用频率已经下降了，但在商用和高级设备中仍在使用。

 数码照相机的画质是由什么决定的?

从图像传感器处获得的电信号会通过用于信号处理的 LSI 转换成数字信息。同时也会进行色调修正和降噪处理，从而获得更为精美的图像。

除了图像传感器的能力会对数码照相机的画质产生影响，用于信号处理的 LSI 的能力也起到了决定性的作用。特别是配备了高性能专用 LSI 的数码照相机，它比智能手机更容易拍摄出高质量的图像。

小知识

多数数码照相机生产商都在提高 LSI 的信号处理能力方面投入了很多成本，为了开发出高质量的数码照相机拼得头破血流。但实际上能生产出高质量图像传感器的生产商并不多，多数生产商还是在使用同样的部件。

数码照相机之间之所以会产生画质或易用性上的差异，很大部分原因是各生产商所拥有的信号处理 LSI 不同。尤其是现在，摄像机和数码照相机上都集成了信号处理 LSI，提高开发和生产效率的方法彼此之间相差并不大。

在影响今后数码照相机发展情况的因素中，智能手机所占的比重越来越大。智能手机本来不是作为照相机开发的产品，但因为它便于日常随身携带，利用通信功能传送照片特别便利，所以智能手机正逐渐被当作是“日常生活的眼睛”来使用。

随着图像传感器的性能越来越高，即便像智能手机这样的小型设备，与紧凑型数码照相机相比，也能拍摄出毫不逊色的照片。但其实智能手机和真正的数码照相机并不同，它依赖信号处理 LSI 的部分较少，主要依靠搭载的 CPU 来进行软件上的处理，不过使用者一般意识不到这一点。

数码照相机的“命门”是镜头设计

让我们来具体地看看决定数码照相机画质的因素。

起很大作用的是图像传感器的分辨率。数字信息越多，图像精细度就越高，就会给人高画质的印象，但其实仅凭这一点是不够的。包括前文所述的在传感器“后方”进行的信号处理技术，以及在传感器“前方”产生作用的光学系统都是非常重要的。

光学系统是指由镜头和棱镜等组合而成的，把光引导到图像传感器的结构。如果能够将越多的光线接收进去的话，画质就能因此得到提升。

在设计光学系统时，有一个因素占了极大的比重。那就是图像传感器的尺寸。

图像传感器的尺寸越大，其内部的单个 PD 的尺寸也越大。各个 PD 所能接收的光越多，就能拍摄出更明亮、更真实的图像，从这一点来考虑的话，增加图像传感器的尺寸是一条提升画质的捷径。

但是，事情并没有那么简单。要搭载体积巨大的图像传感器，设备就必须留出相应尺寸的空间。同时，把光导入图像传感器的镜头也会变得更大更重。

图像传感器体积变大也会有成本上涨的问题。因为切割同尺寸的半导体板（基板）而制作出来的 LSI 是尺寸越小，越能够一次性大量生产，也就越能够降低成本。

数码照相机使用的图像传感器的尺寸变化范围很大，被称为 35mm 全画幅传感器的大型图像传感器，其感光面积和 35mm 胶片（24mm × 36mm）基本相同。专业设备还有更大尺寸的图像传感器。

而用于智能手机的图像传感器的面积则不到 4 平方毫米，不到 35mm 全画幅传感器感光面积的 20%。无论像素有多少，接收的光的量变少了，暗区和色彩的表现能力就会变差。追求体积小且价格便宜的产品和追求高画质的产品之间，自然而然会存在制作工艺上的差异。

因此，对于数码照相机而言，镜头设计还是最重要的。现在的镜头不但需要能够进行高倍率的变焦，还必须具备光学防抖功能。即便是紧凑型数码照相机也使用了“5 组 6 片”的镜头，可更换镜头的照相机的变焦镜头更是达到“13 组 18 片”的复杂程度（图 2-21）。

特别是在小机身中组装进高倍率的变焦镜头时，光的行进路线变长，就容易发生图像扭曲或者周围区域变暗或变色。为了防止这些现象，必须仔细模拟光的行进路线，在使用什么样的材料来设计什么样的镜头上下功夫。在设计制造照相机的过程中，通过多个镜头的组合来获得理想的光线表现是最重要的一项技术。

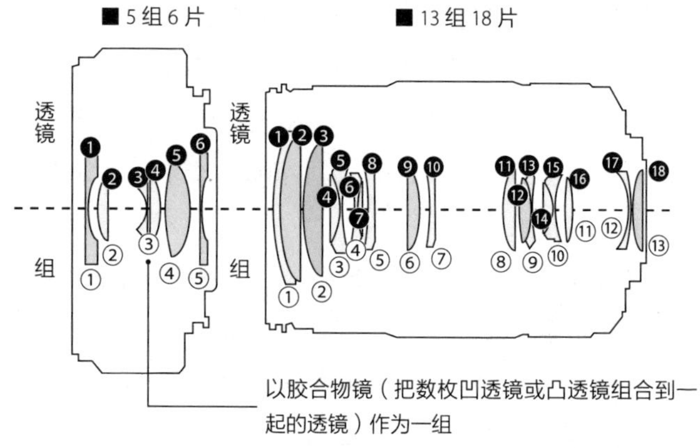

图 2-21　复杂的镜头结构范例

防抖的原理是什么？

作为能够切实帮助拍照或摄像的辅助功能，由日本开发并得到稳步发展的防抖功能不能不提。拍照时如果照相机没有稳稳地摆好，拍摄时照相机的抖动就会被原样记录到视频或照片里去。这样拍出来的照片会很难看，如果是视频的话会让人无法直视。

防抖功能是在 1988 年，从索尼公司将此功能搭载到家用摄像机 PV-460 上时开始普及的。如今这已经是任何一台照相机都具有的基本功能，它的核心技术是由索尼公司开发的。

防抖功能的基本原理是感知抖动的方向并修正所拍摄影

像的光轴。具体实现这一功能有两种基本方法。

第一种方法是电子防抖。在分析了图像传感器所拍摄到的影像后，能知道全部影像里的每一帧画面是如何运动的，在确认了运动轨迹的基础上，根据运动方向反复进行只截取相同部分的操作，被截取的部分中自然只会留下相同的影像，看起来抖动就消失了（图 2–22）。

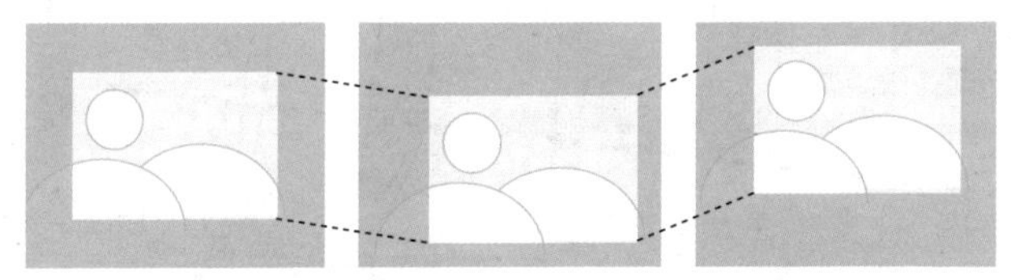

把传感器的“有效范围”朝着和抖动方向相反的方向移动来消除抖动

图 2–22　电子防抖修正　随着抖动的方向，通过移动传感器的“有效范围”来修正抖动。

由于电子防抖能通过软件来实现，所以不需要追加元器件，有易于搭载到任何设备上的优点。廉价小型的机种或智能手机里所使用的就是这种方法。

电子防抖的缺点是为了截取出影像的一部分，会限制图像传感器能力的发挥。一般情况下只会用到整块传感器面积的 60% 左右。如果使用分辨率较低的传感器，就会引起画质劣化，而且它不适合修正太过剧烈的抖动。

于是就出现了第二种方法，即光学防抖。光学防抖是准备了一个根据从镜头射入的光的方向（光轴）而上下左右移动位置的镜片。这个镜片会随着抖动“主动运动”，使镜片和传感器之间的光轴向与抖动相反的方向偏移，进行修正（图 2–23）。

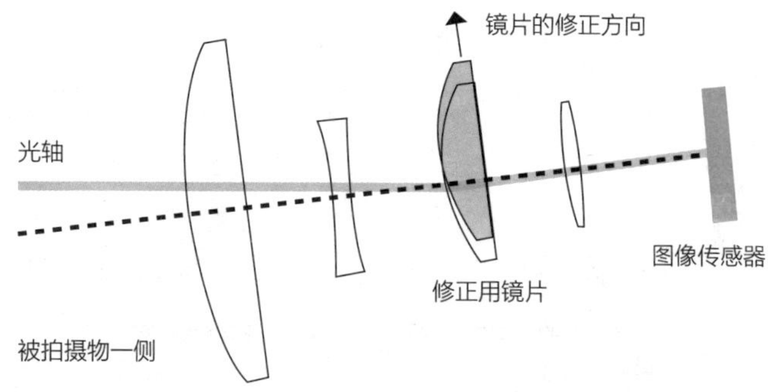

图 2–23　光学防抖修正　检测出抖动方向，通过移动中间的修正用镜片，使光轴向与抖动相反的方向偏移，从而修正抖动。

这么一来，几乎图像传感器所有的面积都能被有效使用，所以能非常有效地减轻画质的劣化程度。光学防抖的实质就是以极高的速度连续移动镜片来修正这种抖动。比如索尼公司用于可换镜头照相机的防抖技术“POWER O.I.S.”，能进行每秒 4000 次的抖动检测并予以修正。

光学防抖的缺点是结构都很复杂。用于偏移光轴的镜片是一边利用陀螺仪传感器的数据，一边通过电动机自主移动的结构（图 2–24）。

图 2-24　光学防抖镜片驱动系统　它是根据陀螺仪传感器的数据计算镜片的移动量，由电力来驱动的一个系统。

镜头实际移动的距离极短，多数情况下甚至不超过 1mm。即便如此，为了保证修正速度，包括镜片在内的可动部件都必须足够轻巧。

数码照相机和摄像机中有很多机种会搭载光学防抖功能，而智能手机里会搭载超小型镜头单元的高端机型也越来越多。不过这也多是用于手机上的主摄像头（背面摄像头），自拍用的摄像头（前置摄像头）还没有普及。

随着能降低拍摄难度的防抖功能等的普及，照相机摄影也渐渐变成一件很容易上手的事情了。

单反照相机和紧凑型照相机的关系

重视画质的照相机的代表是单反照相机。说到单反照相机，可能很多人会想到能换镜头的照相机，但实际上单反是单镜头反光的简称。

单反照相机的特点是将从单镜头射入的光线经由反光板反射到光学取景器，这是从胶片照相机时代继承而来的构造。因为镜头所捕捉到的影像能够原样映入拍摄者的眼睛里，所以可以根据拍照目的来拍摄近距离的照片。

现在的数码照相机通常都会在机身背面内置一个液晶显示器来显示影像，可以边看这个影像边拍摄。随着技术的进步，基本上能满足多数人的要求，但即便如此，仍然有很多人从精细度以及易看性角度考虑而偏好光学取景器。职业摄影师使用单反照相机正是因为觉得在这方面十分可靠。

但是，作为数码照相机，单反照相机也有它的弱点。为了将光线照射到图像传感器上进行拍摄，必须将反光板翘起来。这一部分的构造会比较复杂，并且体积会变大。而且在拍摄动态影像时反光板也必须保持上翘的状态。

使用了大型传感器后，为了继续保持因换镜头而产生的拍摄自由度的优点并且使结构更紧凑，出现了无反光镜可换镜头相机。这种照相机和单反照相机一样，都是可换镜头的，但它没有反光板（反光镜）。因此那一部分的内部构造就能变得简单，便可实现小型化和轻量化（图 2–25）。

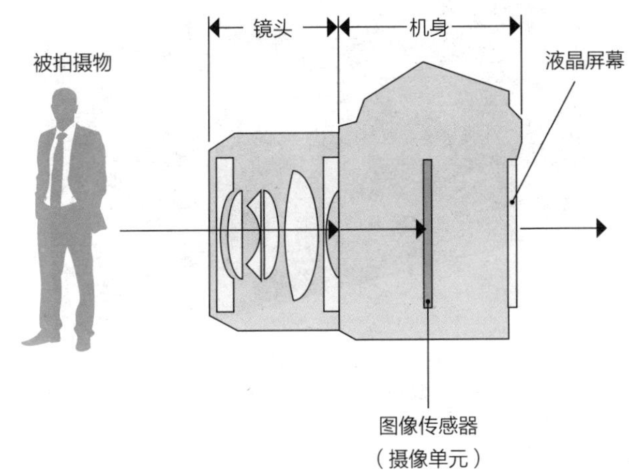

图 2–25 无反光镜可换镜头相机的原理

由于智能手机的照相功能实现了高画质，为了确保数码照相机的特殊性，越来越多的产品都采用了凭智能手机的尺寸难以搭载的大型传感器。

同时，智能手机也在想办法拓展功能。松下电器的 LUMIX DMC-CM1（图 2–26），在具备了智能手机功能的同时，内置了大型传感器，从而也具备了一台真正的数码照相机的功能。虽然作为智能手机，机身尺寸有些偏大，但也有能借助通信功能轻松和社交媒体等互动的优点。

图 2–26 LUMIX DMC-CM1　既具有智能手机的功能，同时又具有内置了大型传感器的数码照相机的功能。

未来，数码照相机发展的主旋律应该是在保持照相机所需的高画质的前提下，实现小型化和拓展通信功能吧。

第 3 章

让生活更舒适的家电

09

空调

拥有超高端控制技术的先进家电

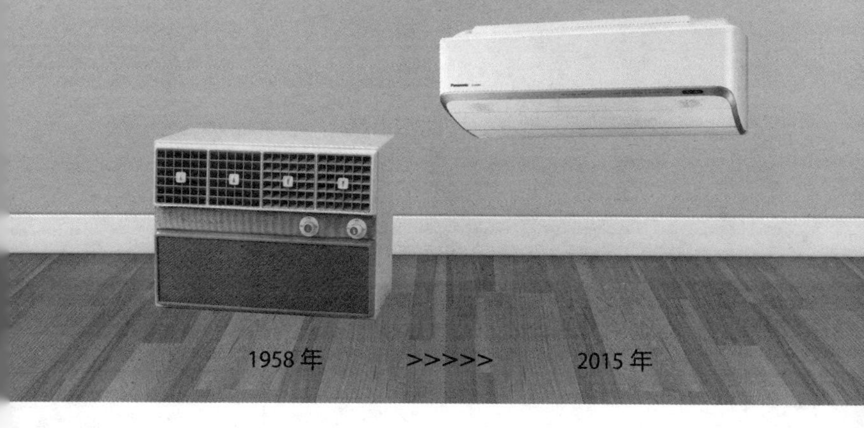

 你知道空调和冷气机的区别吗?

在家里，如果没有就会使生活环境发生巨大改变的家电不少，但位列第一的应该是空调吧。空调的英文全称是“air conditioner”，即空气调节设备（空调），不过已经几乎没有人使用空调以外的名称了。

空调是调节空气温度和湿度的机器，要在室内过得舒服，空调是必不可缺的。尤其是在夏季气温逐年升高的日本，空调的使用频率比以前增加了许多。

21 世纪初，日本国内空调年均销售量为 700 万台，而进入 10 年代以后，因酷暑等因素的影响，年均销售量超过了 800 万台。

小知识

一般来说，同时具有制暖和制冷功能的是空调，只有制冷功能的则是冷气机，但这不是正确的说法。其实无论哪种都是空调，而专用于制冷的设备才叫作冷气机。

实际上，实现制暖和制冷功能的构造几乎是一样的。因此只有单一功能对设备小型化 / 廉价化是有利的，所以在过去生产了很多只有制冷功能的产品，但现在同时拥有制热和制冷功能的机种已经十分普遍了。

空调的关键装置

实现空调制冷制热功能的关键装置是什么呢？

是热泵。它是在本书中出现过好几次的家电的关键装置之一，洗衣机、冰箱以及电热水器的内部都使用了这个装置。

热泵是利用物质相变时所发生的吸热现象和放热现象来控制温度的。使用同样的装置用于冷却箱内温度的是冰箱，用于给水加热的是电热水器，用于保持舒适的室内温度的就是空调。

在冰箱一节中已经介绍过了，热泵是通过循环输送进入其内部的制冷剂 / 热媒，利用制冷剂 / 热媒在汽化或液化中所发生的吸热现象或放热现象来升降温度的。冰箱只会冷却，电热水器只会加热，而空调则充分利用了两种机制，既能使室内降温，也能使室内升温，两种功能兼备（图 3–1）。

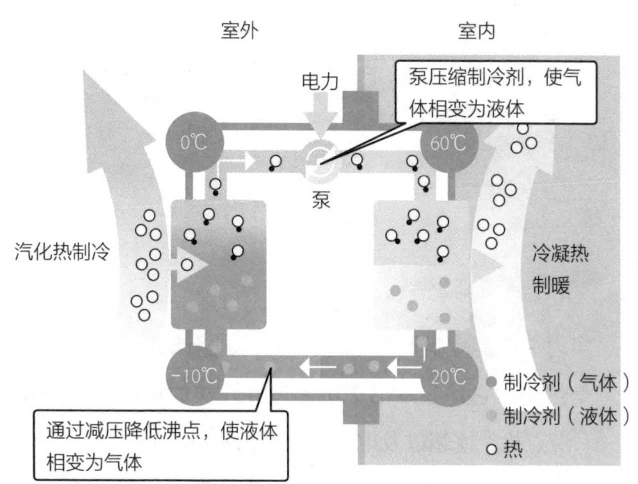

图 3–1　空调的本质就是热泵　图中为制暖时的原理。制冷时的原理请参考第 22 页图 1–9 所示的冰箱制冷的原理。

现在的空调热泵为了能更高效地交换制冷剂，采用了混合式热交换器（图 3–2）。

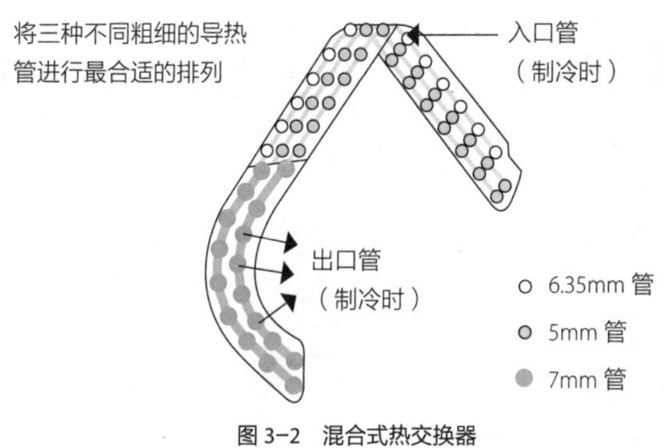

图 3–2　混合式热交换器

2003 年引入这套机制时，是把细管和粗管组合起来使用的。一般情况下，制冷剂处于液态时，在细管里的移动效率高，处于气态时，在粗管里移动效率高。因此根据通路的具体情况合理配置粗管和细管，使制冷 / 制暖时的效率尽可能提高。

空调有安装在窗户旁边，后半部分伸出室外的一体式，以及室内机和室外机配套使用的分体式（图 3–3）。一体式曾经热卖过，但现在分体式是主流。

因为整个室内的空气都是空调制冷 / 制热的对象，所以和冰箱或电热水器相比，空调需要具有效率更高的温度控制力。

图 3–3　1972 年生产的一体式空调（左）和现在主流的分体式空调（右，上方是室内机，下方是室外机）

因此对于空调的热泵来说，需要压缩机的规模变大，这样很容易产生明显的噪声。如果将这个热泵安置在室内会让人听到这些噪声，所以才作为室外机安置在室外。

分体式空调的构造如图 3–3 所示，大部分部件都在室外机里，室内机只分配了冷却 / 加热室内空气的部件。为了提升房间制暖效率，必须采取各种针对性的措施，可以认为室内机就负责这方面的功能。

制冷剂因环境保护而变化

和冰箱等相比，空调必须冷却或加热更多的空气。这对空调热泵的功率和效率提出了更高的要求。

在这样的背景下，空调有很长一段时期都是把氯氟烃类物质作为制冷剂和热媒。在冰箱一节里提到过（参考第 25 页），在 20 世纪，热泵对含有会破坏臭氧层的特定氟利昂类物质的使用很普遍。但现在已经在法律上明文规定禁止使用特定氟利昂了。

氯氟烃类物质中除了含有特定氟利昂，还有其他各种物质。最开始它只是指氯氟碳化物（CFC），后来不含氯的氟碳化物（FC），含氢的氢氯氟烃（HCFC）以及不含氯的含氢氟碳化物（HFC）等也都归入氯氟烃类物质了。

其中，现代空调使用最多的是对臭氧层不具有破坏性的 HFC。在此之前，日本的空调里还广泛使用过一种叫作 HFC410A 的制冷剂，现在的主要空调产品里使用的制冷剂是 HFC32（也称为 R32）。

HFC 虽然不会破坏臭氧层，但却会导致全球气候变暖。HFC410A 对全球气候变暖的影响比较大，换成 HFC32 之后，这种影响减少到了原来的 1/3。相对于完全不可燃的气体 HFC410A，HFC32 存在着一定的可燃性，这是一个缺点，所以各生产商都是在确定了其在空调里使用不会有危险之后才决定采用的。

 对节能帮助巨大的自动清洁功能

当代空调所追求的最重要目标之一就是环境保护性。其中最关键的点就是节能。如果能够减少耗电量，就能相应地减少环境的负担，而且也能节省电费。

小知识

在家电产品中，空调、电子烹饪设备、微波炉以及大型电视机，还有洗衣机等并列为耗电量大的产品。特别是在盛夏或严冬的时候，空调开一整天并不少见。降低空调的耗电量不但能减轻日常开销的负担，对降低全国的耗电量来说也很关键。

近年来，作为提高节能效率的王牌而备受关注的是自动清洁功能。松下电器的产品搭载了名为过滤网清洁机器人的功能。就如它的名字一样，它是一个能省去维护工作，自动清洁安装在室内机里的过滤网的系统，而且对节能也有非常大的帮助。仅仅是松下电器就在 2014 年之前卖出了累计 600 万台带有自动清洁功能的空调，自动清洁功能成为畅销空调的必备功能。

为什么自动清洁功能会对节能也有帮助呢？

室内机会把室内的空气送入空调内部，通过热泵加热到适当的温度之后再返回到室内（制冷时，除此之外还有一个功能，下文中会介绍）。房间里的空气中包含着灰尘，这些灰尘一旦附着到和热泵进行热交换的部件上，空气的流动就会变得不畅，热交换的效率就会下降。因此，在室内机的前方都装着一张过滤灰尘的过滤网。灰尘会被过滤网挡住，只要清洁过滤网，空气的流动就会恢复正常，制暖和制冷的效率就会提高。

但是经常取下室内机的过滤网进行清洗也相当麻烦。多数生产商推荐的清洁频率是 1 个月 2 次，大家都做到了吗？是不是很难？

如果不按时清洁，过滤网就会堵住，风的流量就会减少。结果就会导致用户感觉空调不给力，人们便越来越频繁地选择加大风力等方式来提高空调的输出效率，因此耗电量就变大了。即使在设定温度自动运行时也会需要更长时间才能达到目标温度，所以耗电量还是会增加。

用来防止这样的情况发生的就是自动清洁功能。自动清洁功能有助于防止过滤网被堵塞住，空调便能以设计的效率进行工作，空调的耗电量就能得以控制。这个功能在制暖时特别有效，松下电器的产品最多能减少 25% 的无效用电量。

每天清除一点点的灰尘

自动清洁功能是如何实现的呢?

如前文所述，松下电器将这个功能命名为过滤网清洁机器人。一听到清洁机器人，就会想象仿佛有一个手脚会动的机器人在里面打扫，但其实并不是这样，而是有一个刷子在过滤网上自动往返，把污垢扫除并排到外部（图 3–4）。

空调的过滤网不用吸尘器来吸，或者不用水来洗，通常很难变干净，因此很容易让人觉得自动清洁功能想必也是很细心地用力清扫的，事实并不是这样的。一般情况下，刷子只是轻

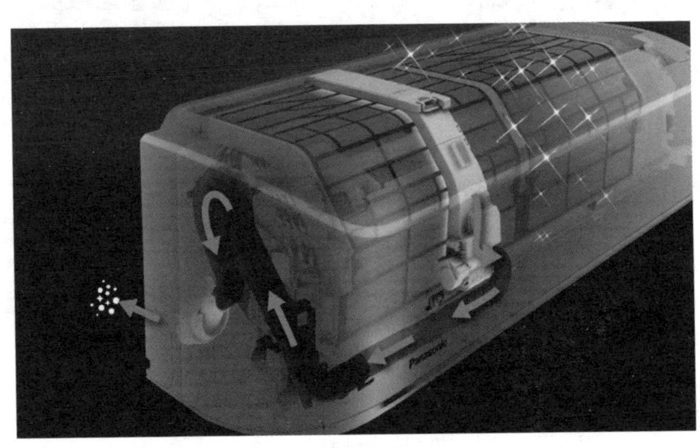

图 3–4　自动清洁过滤网（过滤网清洁机器人）

轻擦一下或者摇晃一下来除尘，这样的话消耗的电能就会极少。由于这个过程非常安静，它的声音也不会被人注意到。

过滤网自动清洁功能通常都是在空调电源断开的时候自动工作，而且每天都会进行。

只要污垢还是处于比较少的状态，附着的灰尘量也不会太多。松下电器的产品打扫一次会去除约 6 毫克的灰尘，也就只有一点点。

如果是低端产品的话，收集起来的灰尘会积攒在机身下方的集尘盒里，而高端产品则会在热交换时和空气里的水分一起排放到室外。由于量极少，所以不会导致管子堵塞或对周围环境造成严重的污染。

再多也不过是 6 毫克的灰尘，就算不是每天清除也无所谓吧……可能有人会这么想。但是积少成多，如果不断积累就会越来越多，变得很麻烦。10 天的话就是 60 毫克，积累 20 天就是 120 毫克，那时过滤网必然已经变得漆黑了。过滤网自动清洁功能正是以勤勉不懈的方式自动清洁，才获得如此好的清洁效果的。

同样，容易附着在热交换器上的霉菌也是使用自动清洁功能来抑制霉斑变大的，再用约 40℃的暖风吹进装置内部来抑制霉菌繁殖。此外，有些机种还具备利用空气中获取到的水分来除去霉斑味道的功能。虽然要完全消除霉斑相当不容易，但通过除去霉斑味道和控制其发展程度，能防止它对设备造成大的损害。

这些功能通常全部都设置为在空调启动或者停止时自动工作。这样就不会让用户感觉到有维护的负担，从而获得更好的使用感受。

另外，也有些机种设置了连续运行这些功能的模式。比如在即将外出时，只要按下遥控器上的按钮，就能自动进行从室内除味到空调清洁等一系列的维护工作。通过巧妙地使用这样的功能，就能在任何时候都干净舒适地使用空调了。

 除湿和制冷，哪个更节能?

从节能的角度来看，有一些关于空调的情况希望大家能够记住。

各位在想让房间变得凉快时，是使用空调的哪个功能呢?

普通的空调产品有三种使用方式：制冷、除湿和送风。送风功能和电风扇是一样的，只是单纯地把空气吹出来。最近的空调中，也有一些产品特意取消了这个模式。

这里主要想说的是制冷和除湿的不同之处。因为日本的夏天高温潮湿，即便温度不变，只是降低湿度也会让人觉得舒服一些。似乎有不少人都觉得“开制冷的话会浪费电，太冷了也不舒服，所以就用除湿功能吧”。

小知识

但是，如果主要目的是想省电的话，这样的想法反而错了。

用空调给室内降温的时候，使用的是热交换器。这时，空气的温度一旦下降，空气中的水蒸气会无法继续保持气态，而是液化成水。这些水会经过管子排到室外。也就是说，空调一旦使室内温度下降，室内湿度也会自动下降。

那么除湿功能到底有什么用呢？

当我们选择除湿功能时，是希望“温度不要下降太多，湿度大幅下降”。但像梅雨季节这样湿度特别高的时候，要使湿度充分下降，势必就会使室温也跟着下降。那么该怎么办呢？

小知识

其实可以使用制热功能，通过把冷空气重新加温来对气温进行调节。这种方法叫作再热除湿。此外，有时也可以只开很弱的制冷模式来除湿。

不过使用再热除湿的方法是因为存在使湿度下降的制冷和使室温上升的制热同时进行的瞬间，所以会比制冷模式更耗电。请大家注意“除湿不费电”这样的想法并不是正确的。

巧妙节能的自动运行模式

小知识

其实如果把上文中介绍的情况也一并考虑的话，可以得出只有选择空调的自动运行模式才是最省电的使用方式的结论。在设定了感觉舒适的温度之后，接下来就交给自动运行，它会帮助我们控制空调在省电的同时使室内保持舒适的温度。

说起空调的自动运行模式，以前只是简单地根据室温控制运行的状态。但现在，它的技术开发已经有了全新的发展。

根据人的行为进行自动调节是最重要的，基于这一方针进行技术开发是最基本的要求。在舒适和节能的前提下，空调会经过观察房间里的人的行为再做出反应，技术正在朝着这个方向发展。

随着客厅和餐厅的布局在日本的家庭中变得司空见惯，空调也需要能够覆盖更广的区域。一般来说，大型空调比小型空调的效率更高，但因此就毫无顾忌地只想着保证整个房间都升温，从能源利用的角度来看，并不是聪明的做法。

由此，现在的空调就采用了“区分出人在房间里的位置，以这个位置为中心进行温度调节”的机制。它会调整出风口的高度和方向，只对部分房间温度进行控制本身并不难，关键在于如何正确判断人在哪里。

于是人体传感器应运而生。这是一种利用红外线，根据距离来分析人在哪里的传感器（图 3–5）。判断和空调隔着一定距离的物体是人还是物体，主要是依据该物体是否在动。它的判断准确度出人意料地高，能够识别出移动大约 30cm 时的动作。

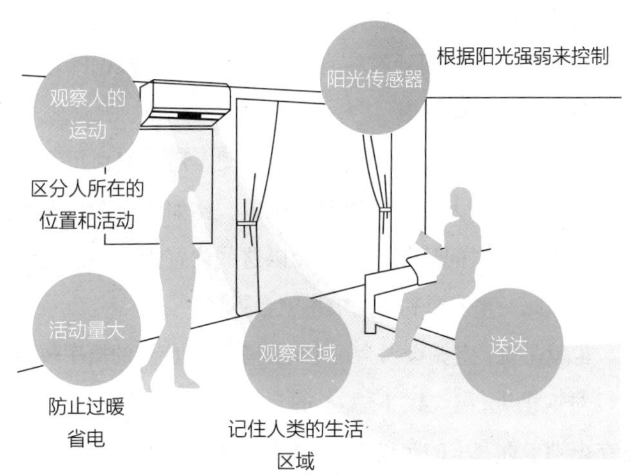

图 3–5　使用传感器只对人在的区域进行温度调节　除了人的活动范围和运动量，还判断阳光的量，使室温更舒适。

识别经常出现的位置和经常出现的时间

小知识

人的脚比上半身对冷热的变化更敏感。所以人们希望空调能够对脚下的空间进行更高效的温控。现在的最新空调不但能判断人在哪里，还能针对性地识别“脚下”的位置，使这个位置的温度更热或更凉。

比如在睡觉时，空调经常会让人感觉太热或太冷。为了防止因空调开过头而导致的身体不舒服，可以根据睡觉时的脚下温度进行调整。

此外，空调不仅能识别人是否在动，还能识别每一天的生活中，室内的人经常会出现的位置。比如人会在沙发或餐桌的位置停留时间比较长，就会以这些位置为中心进行温度调节，如此一来能源利用的效率就会提高。

也就是说，空调会因为这个时间在这个位置的概率较高，所以对这里进行升温（降温）的自动控制。反过来说，空调是在识别了你家里的布局之后，根据这些信息来工作的。

能实现如此精准的控制，跟日本特有的空调使用方式有关。

小知识

在国外，特别是在美国，人们几乎没有关空调的习惯，基本上 24 小时开着空调。这样的使用方式很容易使房间的角角落落都处于同样的温度。节能是基本不可能的，细致的功能也不需要，只要功率大的空调就是好空调。在酒店等地方也是，以日本空调发展的水平来看，那里都还使用着相当落后的空调，应该有人见过并大吃了一惊吧？

在节能意识较高的日本，人不在家的时间或者睡眠的时间把空调关了是很正常的。这样一方面可以在启动时马上感觉到暖和（凉快），另一方面还可以尽可能地省电，所以说日本的市场要求比较高。

正是因为这些原因，才会制造出前文中所介绍的执着于精细控制的空调，并且这样的空调还得到了广泛的支持。甚至有些厂家的空调产品还配置了使用遥控器就能明确地告诉使用者需要多少电费来升温的功能。

对于像日本这样能源稀少的国家来说，以上介绍的这些功能都是非常必要的。无论是从节能的意义上来说，还是从高端的家电控制技术方面来说，空调控制技术都是最先进技术的一个代表。

照明设备

光源和其表现能力的进化

1964 年 >>>>> 2015 年

爱迪生没有能够抢先一步吗？！

在那些和我们的生活有密切关联而我们却经常忽略它们的存在的家电里，照明设备是其中之一。电力和家电的发展是从照明开始的，这种发展直到今天仍在继续。

1879 年，托马斯·爱迪生延长了灯泡的使用寿命，和传统的蜡烛或煤气灯相比，灯泡是更为实用的照明器具，那一刻就是现代家用照明设备的开端。但是在那之前就已经出现了作为路灯使用的弧光灯。

小知识

在日本，3 月 25 日是电气纪念日，10 月 21 日被定为光明日。前者是为了纪念 1878 年，日本首次点亮了弧光灯的日子，是由日本电气协会制定的。后者是在第二年的 1879 年，为了向爱迪生成功研制出比传统灯泡照明时间更长、连续亮了约 40 个小时的灯泡致敬，由照明设备相关的四个日本国内组织联合制定。

说起最初的用电发光，主要是指弧光灯和电灯泡（白炽灯）。

弧光灯是利用气体放电发光，即利用存在电压差的电极之间的气体产生放电现象所发出来的光进行照明的。它的特点是非常亮，但是在发光时伴有噪声，耗电量大也是很大的问题。从 19 世纪到 20 世纪初曾作为路灯使用，后来被电灯泡取代。

不过即使到了现在，仍有些用途，在需要强光的闪光灯或投影机上以及一部分舞台灯光中都会使用。

拥有 2000 小时使用寿命的照明设备

以电灯泡的名字为人们所熟知的白炽灯是将灯丝（线圈状大电阻的导体）通电至白炽状态而发光的一种照明设备（图 3–6）。

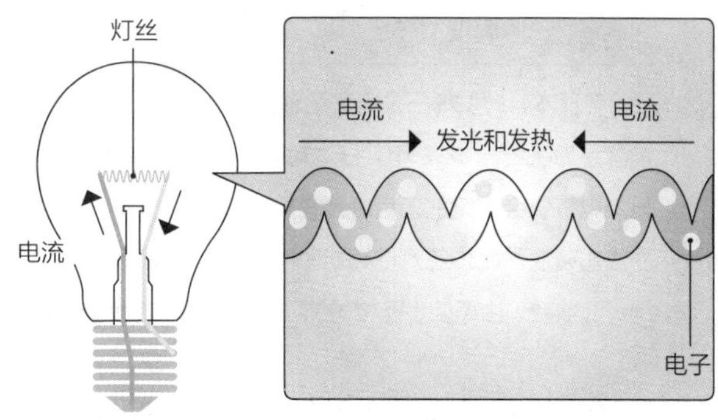

图 3-6　白炽灯的发光原理

因为伴随着发热，所以刚发明出来的时候，灯丝很快就因此受损而无法长时间发光，后来通过在灯泡内填充气体以及改进了灯丝材料，才解决了问题。现在的白炽灯和爱迪生时代的不同，拥有近2000小时的使用寿命，发生了质的飞跃。

发热意味着电能转化为光能的效率低。此外，虽说延长了使用寿命，但在使用过程中灯丝受损或断裂等情况还是无法避免。尽管白炽灯构造简单，价格便宜，让人感觉温暖的色调到现在还让人赞不绝口，但在发热、使用寿命和耗电方面仍存在着问题。

于是，从 20 世纪 30 年代开始投入使用荧光灯。荧光灯是在内部涂了荧光材料，灯的两端装有电极，内部还密封进了少量水银蒸气和稀有气体的照明设备。在给它通电后，电极之间会产生放电现象，这时，电子会打到水银上而产生紫外线。紫外线照射到荧光涂料上，会发出白光，荧光灯就是用这样的白光来照明的（图 3-7）。

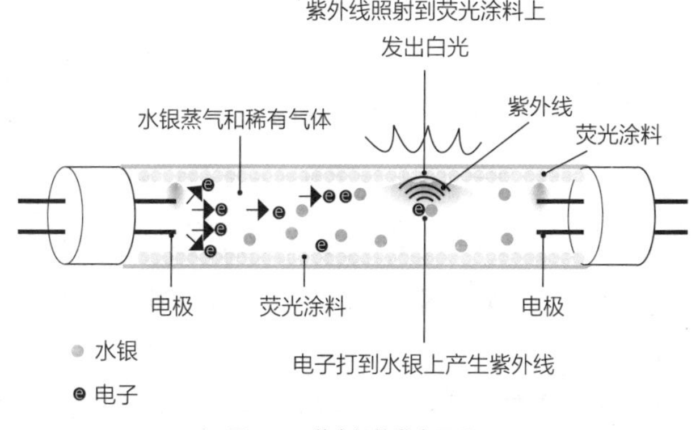

图 3-7　荧光灯的发光原理

荧光灯在利用气体放电这一点上和弧光灯比较接近，但它即使电力一直较弱也能发光，而且不会产生任何噪声。尽管它发光时也会发热，但由于灯管内气压低，所以不会达到产生明火的程度。此外，能量利用效率也比白炽灯更高，使用寿命也更长。

在日本，荧光灯到 20 世纪 50 年代之后才真正普及，并在进入 70 年代后成为照明设备的主力。即使到了现在，在纯粹用于照明时，荧光灯也仍是主角。到了80年代，灯管的形状还只有简单的棒状或圆环状的，现在已经出现了和灯泡一样形状的产品。

能在同样的插座上使用的产品也不断增多，有些产品的灯光颜色也变得更接近拥有暖色调的白炽灯。

进入21世纪以后，对照明设备节能性的要求越来越高。

日本政府在2008年，向国内各家电生产商呼吁停止制造白炽灯，原因是耗电量太大。于是各生产商便在2012年之前停止了白炽灯的生产，改为采用其他方式。

另外，日本政府于2020年颁布了禁令，禁止荧光灯的生产/引进。这不仅是为了控制耗电量，也是为了减少其内部水银的使用量。

LED（发光二极管，Light Emitting Diode）灯虽然在生产量方面还远远不及荧光灯，但其数量正在急速增长，已成为新产品的主力军（图3–8）。从家电上的指示灯到液晶显示器的背光，乃至信号灯，现在所使用的光源多数都采用了LED灯。可以预见，未来的照明设备，非LED灯莫属。

LED是一种半导体元件，当有电流通过时，具有电子和

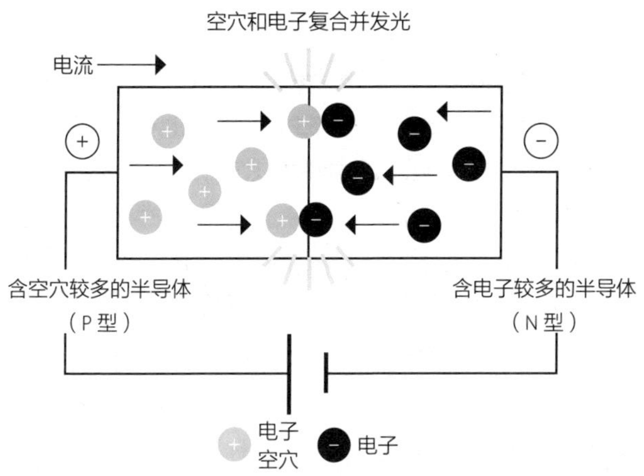

图3–8　LED灯的发光原理　在含空穴较多的半导体（叫作P型）和含电子较多的半导体（叫作N型）连接到一起的地方，空穴和电子复合并发光。

空穴复合而发出冷光的性质。因为发热量小，所以将电能转化为光能的效率高，耗电量小。照明用的 LED 的耗电量仅是白炽灯的 1/5，和荧光灯相比较性能也很优越。

长时间使用情况下的故障率和损耗率，跟白炽灯就不用比了，跟荧光灯相比，也远比荧光灯优秀。在普通使用情况下，比白炽灯和荧光灯都能使用更长时间。根据厂家的设计，LED 灯的使用寿命（亮度降到初始亮度的 70% 所花费的平均时间）约为 4 万小时，普通家庭使用的话，10 年都不用更换。

小知识

和荧光灯不同，不产生紫外线也是 LED 灯的特征之一。荧光灯因为电子打到水银上时产生紫外线，所以也有容易吸引小虫子聚集过来的缺点。路灯等使用 LED 灯后，也就不会再像荧光灯那样吸引小虫子聚集了。

目前，LED 灯所面临的主要问题是成本。跟技术简单且经过了几十年持续生产制造的白炽灯或荧光灯相比，LED 灯的成本较高是它的缺点。但尽管如此，也有越来越多的人考虑到它耗电少，用 10 年以上也不用换，认为最终还是划算的。

半导体的成本在建好生产线，安排好大量生产的准备后会急剧下降。LED 灯的生产量处在大幅上升的时期，预计今后价格下跌的可能性会很大。

对集中了超薄、小型、低耗能三个重要特点的 LED 的使用已经扩展到液晶屏的背光、汽车的头灯等各个领域。特别是液晶屏的背光几乎 100% 的产品都已经换成 LED 了。

此外，作为家用照明设备，只要没有家里房子重建或者搬家等大的契机出现，基本都不会换，这也是目前所面临的情况。在这样的背景下，估计 LED 照明设备的普及率会一直维持在 20% 左右。普通家庭里的荧光灯要全都换成 LED 灯，应该还需要很长一段时间吧。

小知识

用于办公室或店铺的照明设备的置换程度甩开了普通家庭一大截。在这些地方的耗电量里，照明占了约 2 成。换成 LED 照明设备后，不但控制了耗电量，设备维护成本也明显下降，对于公司或企业来说是个重要利好。

特别是在 2011 年 3 月的东日本大地震发生之后，电力短缺情况恶化，对节能省电的呼声高涨，这个情况对公司或企业照明设备的置换起到了巨大的推动作用。

怎样让它发出白光，这是个挑战

其实 LED 在 1962 年就已经被发明出来了。但是在进入 21 世纪以后才被广泛用于照明等用途。当时的问题是 LED 能表现的色彩很有限。

到 20 世纪 80 年代为止，LED 只能发出红光，随后虽然能发出黄光和黄绿光了，但一直无法发出蓝光和纯绿光。由于不能用来制造全彩色的显示器或者不能发出对于照明来说必需的白光，因此 LED 的用途曾十分受限。

1993 年，发蓝光的 LED 被开发了出来，接着在此基础上又开发出了发纯绿光的 LED，情况便一下子发生了变化。随着材料的改进等，2004 年实现了成本大幅度降低，LED 才终于被广泛使用。

现在的照明设备里所使用的是俗称白光 LED 的元件。虽然这么说，但没有能够发出纯粹白光的 LED，只能通过混合不同颜色的光来产生白光。

这个白光是怎样产生的呢？

小知识

一般情况下，是用黄色的荧光体覆盖在蓝光LED上，利用蓝光透过黄色荧光体时所发出的接近白色的光来表现白光，这种方式称为补色。除了蓝黄组合，也可以用蓝光+红色 · 绿色的荧光体来产生白光。这种情况下产生的白光的问题在于它不是纯白色，而是或多或少偏灰白色。

通过混合 LED 发出的红、绿、蓝三原色光能产生更自然的白光，但是成本势必会变高，不适合用于普通照明。最近，有越来越多的照明用 LED 不使用这三种颜色的光，而是把蓝光和黄光 LED 组合到一起，用补色的方法来产生白光。

LED 照明设备拥有的荧光灯无法企及的一个方面是什么？

其实，对于照明设备来说重要的并不是发出白光，而是所发出的光是否是让人看起来觉得舒服的光，这才是关键点。

照明设备的这种特性称为显色性。

小知识

显色性一般用显色指数（Ra）来表示，数值越接近 100 就越理想。荧光灯的显色指数普遍在 80~90，LED 灯的显色指数则有比这个值低的趋势。特别是在忠实地表现红色和皮肤颜色方面存在难度，但凭借着反复试验上述的那些方法，现在照明用的 LED 灯已经能以显色指数达到 83 以上作为标准来进行产品开发了。

虽然把数个 LED 组合起来会导致成本增加，但也有很大的优势。LED 灯的亮度由输入的电流决定。用开关等来控制的话，可以改变亮度，而分别改变多个 LED 的亮度，可以控制光的颜色。

白炽灯或荧光灯也能使用多个照明设备来改变光的颜色，但是成本势必会增加。而 LED 照明设备的话，由于它本来就是同时使用多个 LED 的，所以只需付出较少的调色成本就可以。实际上，最近面向普通家庭照明用的 LED 灯，即便不是高端产品，很多也具备了调色功能。

如何控制发热和光的指向性呢？

LED 灯还有一个与其他照明设备不同的缺点。

那就是一个 LED 芯片的发光强度很小，光的指向性很强。

虽然没有达到白炽灯的程度，但 LED 灯在发光时也会产生热量。这个热量和输入 LED 灯的电量成正比，发光强度也会同时增加。也就是说，发光强度大势必散发的热量也会多，这一点并没有什么问题，但是 LED 具有一旦发热就会迅速老化的特性。而且发热量高也会导致保护 LED 的树脂材料老化。

要保证使用寿命长，就不得不在一定程度上抑制 LED 灯的亮度。同时也必须准备一个让 LED 灯有效散热的机制。由于 LED 灯的材料比白炽灯更不耐热，所以解决“让它如何不发热”“怎样散热”的问题就变得很重要。虽然在 LED 照明设备中有一个借助铝板等元件帮助 LED 散热的机制，但这个机制的构造和形状对于各家生产商而言，都是机密技术之一。

因为白炽灯是从灯丝、荧光灯是从荧光管的里面（涂满了荧光材料的一面）发光的，所以它们都能发出圆筒状的、覆盖面积较大的光，即可以仅凭单独照明就照亮一大片区域。

而 LED 灯是从半导体上发出类似于平面形状的光。由于 LED 本身就是芯片状的，所以实际发光时是从一个点发光的点光源。从点光源发出来的光，如果不经过改善，照亮的范围就会十分有限（图 3–9）。

这种光集中地朝着一个方向延伸过去的性质被称为光的指向性。指向性强本身绝对不是一个缺点，非常适用于手电筒或头灯，但作为普通家用照明的话，光不会扩散开，除眼前以外的地方都是一片漆黑就不太适合了。

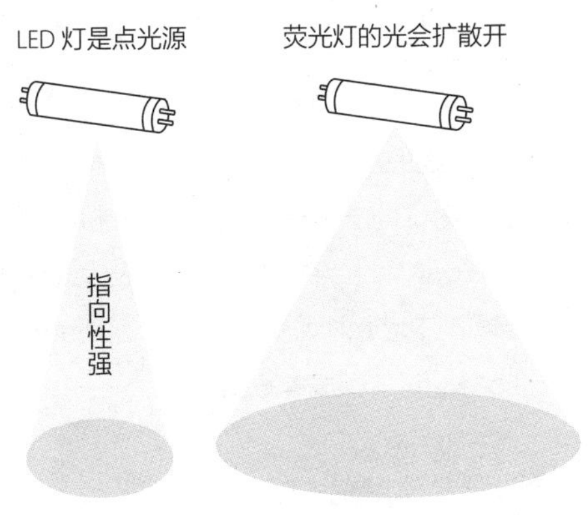

图 3-9 LED 灯的发光特点

另外，当眼睛直视光源时，会看见一个非常刺眼的点，这会让人感觉很不舒服，这也是 LED 灯的一个缺点。

LED 照明设备的创意

有这么多缺点的 LED 照明设备为什么还是能够用于照明呢？

因为有两个巧妙的设计。

第一个设计是把数个 LED 芯片组合到一起。如上文所说，数个 LED 组合到一起后易于调整灯光的颜色，此外，这个方法还能确保发光强度。

小知识

由于生产制造方面的原因，每一个 LED 芯片的发光强度都会有些差异，虽然这种差异极小。如果把这样的芯片全部丢弃的话，就会造成很大的生产制造上的浪费，而且成本也会增加。而通过把数个 LED 芯片组合到一起，可以控制发光强度，使得在照明时不会出现不均衡的状态，这样工厂里所生产的 LED 芯片基本都能投入使用，产品成本就会更低。

第二个设计是使用光扩散透镜。

LED 芯片的表面是被一层树脂材料覆盖着的，其实这层树脂本身就起到了透镜的作用。但照明用的 LED 必须要让光线进一步扩散，所以在构造和透镜的技术方面投入了更多的精力。

比如灯泡型的 LED 照明设备在组合了数个 LED 芯片的基础上，还在玻璃灯罩上添加了会让光线扩散开的材料，这样光就能照射到更大的范围了。置换了之前的荧光灯，装在顶棚上的吸顶灯类的照明设备，首先把 LED 芯片设置成一个圆形，然后再在上面组装上塑料制成的光扩散透镜，于是就能把整个房间都照亮了（图 3–10）。

说起吸顶灯的关键元件，比起 LED 芯片，更重要的是光扩散透镜。因为 LED 芯片的生产商数量有限，各生产商所供应的元件只要是同时期以同样成本采购进来的，性能就不会出现太多极端的差异。

而要制造出高效的光扩散透镜，必须要掌握很多诀窍，经营 LED 照明设备的各生产商为了追求更好的照明效果，直到现在仍在不断探索。

图 3–10　吸顶灯 LED 芯片的内部设置

电动剃须刀

“吹毛断发”的超精细加工技术

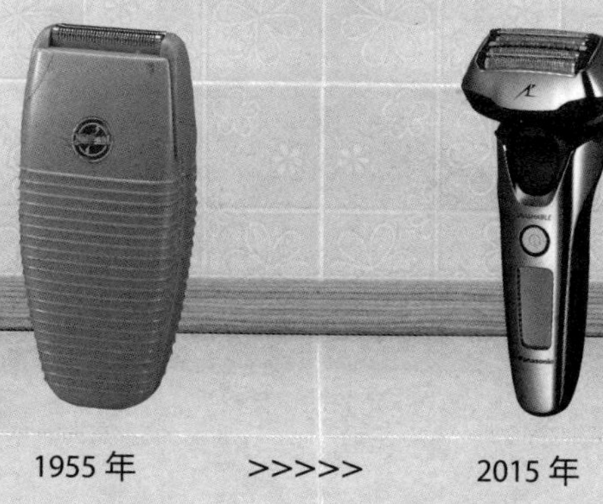

1955 年　>>>>>　2015 年

说起成年男性每天必定会使用一次的家电，非电动剃须刀（刮胡刀）莫属。自从电动剃须刀问世并普及以来，为使用者节约了早上的宝贵时间。松下电器在 1955 年推出了第一款产品，剃须刀的市场很大，截至 2012 年，仅该株式会社的累计出货数量就达到了 1 亿 8000 万把。也有人把家用和出差 / 旅行用的剃须刀分开使用。

尽管它是如此近在咫尺的家电，但理解它工作原理的人却不多。可能很多人认为它只是一台将刀片放到胡须上就会把胡须刮掉的机器，直接自己手动也不是不可以，但是因为觉得麻烦所以用机器的运动来代替了。可其实它是一台深藏不露的机器。

一提到电动剃须刀，就会让人感觉是面向男性用户的一款产品，但现在用于进行体毛处理等目的的女用剃须刀也正在走向商品化。根据不同的用途，目标毛发的硬度和生长的方向等也都不同，所以说这些剃须刀并不是完全相同的产品，但它们所采用的技术都是相通的。这里就以男用电动剃须刀为例给大家介绍。

胡须的硬度堪比铜丝？！

剃须是一个什么样的动作呢？为了了解作为机器的剃须刀的深奥之处，让我们试着从仔细分析剃须这个动作开始吧。

简单来说，剃须就是把刀片对准胡须，切下去的一个动作，但这里让我们来关注下这个动作和皮肤的关系。和用剪刀剪去胡须或头发不同，通常的剃须是把刀片压到皮肤上再动，把刀片碰到的胡须给剃除（图 3–11）。当然，不能划破皮肤。

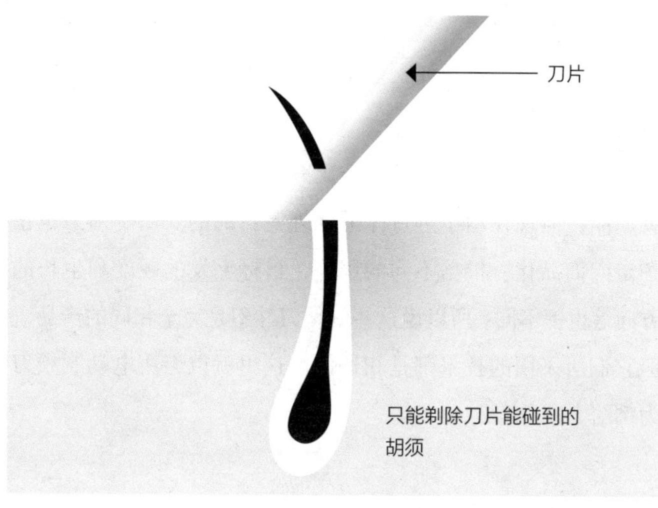

图 3-11　剃须

小知识

皮肤和胡须以及剃须刀刀片的关系极其微妙，既然刀片已经碰到皮肤了，皮肤就势必会被削到，哪怕是一点点。剃过胡须之后皮肤变红就是指刀片伤到了皮肤的状态。而如果要保证皮肤绝对不会被伤到，就得让刀片和皮肤之间的距离扩大，这样就会无法从须根上把胡须剃除而留下胡茬。所以剃须实在是一个讲究一种微妙的平衡的动作。

“胡须那么软，只要用不会伤到皮肤的锋利刀具不就可以了吗？”也许有人会这么说。这是一个非常大的误解，胡须其实一点儿都不柔软。

小知识

可以说胡须的硬度达到了同等粗细的铜丝的程度。如果把几根胡须集中到一起的话，会变得相当坚硬。因为用不太锋利的剃须刀而用力过猛伤到皮肤的人应该不少吧?

所以，用于剃须的刀片必须非常锋利。尤其在理发店等地方，使用经常维护的剃须刀，由人工迅速地剃须，需要非常熟练的技术。

与此形成鲜明的对比，电动剃须刀可以每天轻松使用。电动剃须刀是一种插上电源后放到下巴上，任何人都能轻松地剃掉胡须的产品。电动剃须刀使用了哪些精心的设计来实现这个功能呢?

各司其职的两种刀片

剃须刀的刀片通常分为外刃和内刃，这两种刀片是组合起来使用的。

上文已经说过了，在剃胡须的时候，必须保证不伤到皮肤，只剃除掉胡须。外刃和内刃就是为此而设计的结构。首先，外刃会先把胡须拉起来，把皮肤压住。然后，当胡须立着的时候，再由内刃将胡须剃除（图 3–12）。

构造最简单的剃须刀的外刃上会呈网状，有许多小孔。当胡须插入这些小孔的时候，接下来就会在内部使用内刃来把相应的胡须剃除。因为内刃是由电动机驱动的，所以叫作电动剃须刀。在最基本的构造方面，无论是高端剃须刀还是廉价剃须刀都一样，都是比较简单的构造。

不过虽说构造一样，但每把剃须刀的性能不同锋利度也

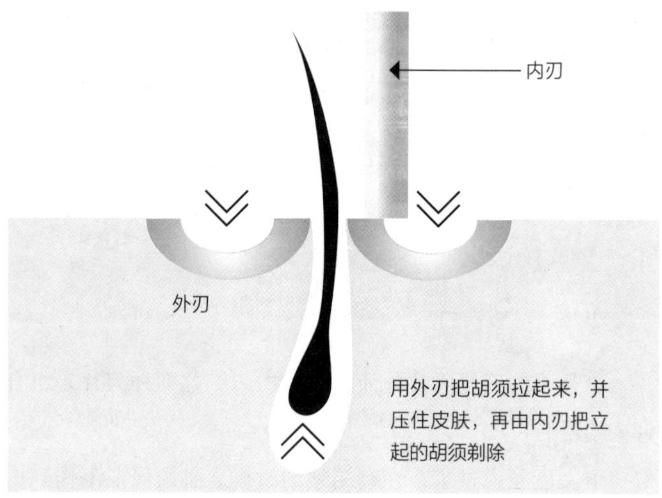

图 3–12　外刃和内刃的作用

会不同。影响剃须刀的锋利度的因素有哪些呢？

首先是内刃的动作速度。同样的刀片，内刃动作快的能更顺利地把胡须剃除。

普通的剃须刀是将电动机的旋转运动转换成直线运动来驱动刀片的。这种结构的剃须刀即使再快，1 分钟内刀片最多也只能移动约 9000 次。而松下电器采用直线电动机驱动的、拥有 5 片刀片的剃须刀刀片在 1 分钟内能移动约 14000 次（图 3–13）。

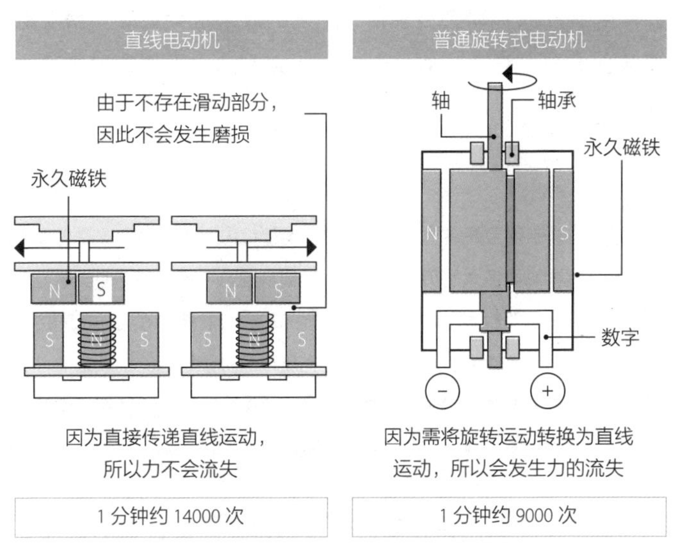

图 3–13　直线电动机与普通旋转式电动机

小知识

直线电动机没有普通旋转式电动机那样的轴，它不是做旋转运动，而是做直线运动，直线电动机在车辆上也有使用。因为剃须刀所需的运动只有内刃的直线运动，所以只能直线运动的直线电动机几乎像是为之量身定制的。此外，再加上不存在因转换为直线运动而产生的损耗，包含着内刃的剃须刀刀头直接安装在电动机上，结构就非常简单。由于这个原因，刀头部分也变得很轻，于是就能更进一步提高运动速度了，这也是一大优点。

另外，剃须刀刀头变轻了之后，移动起来会更容易，让刀片贴着皮肤移动会更轻松，剃须的效果也会更好。松下电器从1995年开始采用直线电动机，现在的主力剃须刀产品多使用这种电动机。

小知识

剃须刀高端机型会在电动机的部位内置传感器。这是为了能检测需要多大的负载才能剃须，或者说刀片接触到了多少胡须。电动机负载大说明刀片接触胡须的量多，需要提高电动机的功率更有效地剃须。电动机负载小也就是刀片接触到的胡须量少，可以降低电动机的功率，减轻给皮肤带来的负担。这样的机制既能减少充电次数，也能减轻电动机和刀片的负担。

电动剃须刀刚出现的时候，很多产品都是把圆形的外刃和内刃组合起来，用旋转式电动机驱动内刃转动进行剃须的。现在的低端产品和使用干电池的剃须刀里仍有采用这种方式的。但在这样的设计里，刀片的转动是不顾胡须的生长方向的，所以不能把胡须彻底剃干净，剃须效果不太好。

借用和日本刀相同的锻造技术

其次是刀片的锋利度。剃须刀内刃的制作非常重要。

如前文所说，胡须非常硬，虽然没硬到难以修剪，但也硬到难以时常保持刀片锋利的程度了。如果是质量比较差的刀片，转眼就会变钝。

刀片的制作方法多种多样，为了尽可能降低制作成本，需要把金属板打造成刀片的形状，然后把边角磨得锐利。车刀的刀刃等就是这样处理的，在经过热处理让金属板变得更坚硬之后，用磨刀石把准备作为刀刃的部分磨锋利。但这种方式存在容易损伤刀刃的缺点。

小知识

比较高端的剃须刀专用刀片是用锻造的方式来制作的。锻造是指通过击打加热了的金属，给它施加压力，让它变成目标形状的技术，这和使用锤子敲打来制作日本刀等的方法是相同的。通过锻造，金属的结晶变得更微细，方向也容易统一。如此一来金属的强度就更高了。

特别是在制作决定锋利度的内刃时，为了使刀刃足够锋利，会把锻造好的刀尖再放到磨刀石上打磨，从而制作出尖锐的刀剪。松下电器对剃须刀内刃刀尖最合适的角度进行了分析，确定了内刃刀尖的倾斜角度为30°（图3–14）。

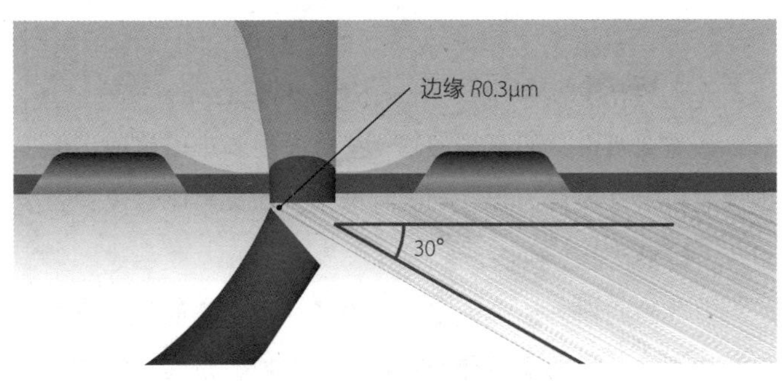

图3–14　决定锋利度的内刃刀尖

刀片的数量意味着什么?

再次是外刃的设计。外刃并不像内刃那么尖锐锋利，但从制作上来看，其实情况更复杂。

剃须刀是凭借外刃和内刃的配合来剃须的。由于其原理是胡须进入外刃上的小孔，再由内刃将之剃除，所以大前提就得保证胡须进入外刃。只是简单地把两种刀片组合到一起的话，进入外刃小孔的胡须的量就会不多，于是便会产生很多胡茬。

经常出现的一种情况是在已经剃过的皮肤上仍然留有少量胡茬。外刃的构造对这种情况影响很大。

为了完全把胡须剃干净，外刃如何顺利地让胡须立起来并引导向内刃是很重要的。所以对外刃存在把胡须拉起来和让胡须以立起的状态迎向内刃这两方面的功能要求。为了让这两种功能同时具备，只使用一片外刃刀片是不行的，采用了把数片外刃刀片组合起来使用的方式。

小知识

在表示剃须刀的性能时会用 3 片刀片或 5 片刀片来表示。它可以说明剃须刀是由几片外刃刀片组合起来使用的产品。一般来说，刀片的片数越多，刀刃接触皮肤的面积就越大，对皮肤的压力就会得到分散。这样的剃须刀在使用时会感觉更轻松，剃须所用的时间往往也会缩短。所以认为刀片的数量越多剃须刀就越高端，应该没有什么问题。

松下电器的 5 片刀片的产品里，其实是由 3 种刀片组合而成的结构（图 3–15），最中间的是快切刀片，在它左右两边的是提须刀片，在最外两侧的是精修刀片。

这3种刀片分别起着不同的作用。人的胡须并不是全部都朝着同一个方向生长的，长短也不一。要把这些胡须剃除干净，必须让胡须朝着同一个方向聚拢着立起，同时也必须聚

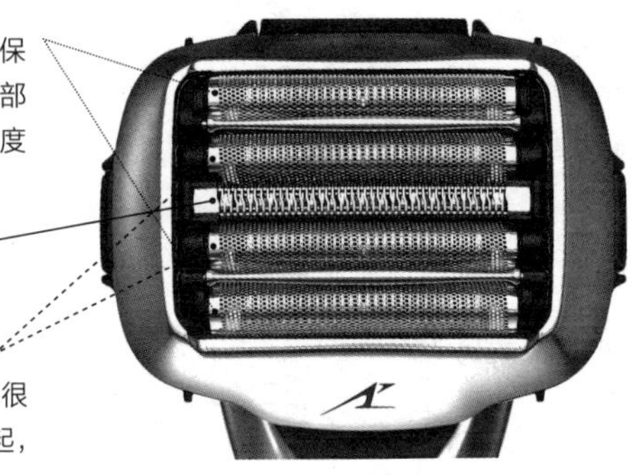

图 3-15　由 3 种刀片组合而成的 5 片刀片的外刃

拢到同样的长度。

具体的运作方式是这样的：首先，快切刀片把胡须轻轻地提起，修整长度；然后，完全倒着的胡须会由提须刀片拉起来；最后，精修刀片把这些胡须剃除。

仅仅 5μm 的差距就能决定剃须的感受

精修刀片的形状也非常重要。精修刀片需要把胡须拉起，送入小孔中，引导给内刃来剃除。精修刀片的构造是一片薄薄的刀片上开着大量的小孔，类似于只有一片刀片的结构简单的剃须刀。松下电器的剃须刀的刀片在12mm × 38mm大小的面积上开着1300个左右的小孔。

但只是单纯地开小孔并不能实现舒适的剃须感受。在剃须时，剃须感受与刀片和皮肤间的距离有极其微妙的关系。

小知识

通常情况下，如果距离不足 60μm（0.06mm），刀片就会削到皮肤。这个距离如果变成 55μm（0.055mm），皮肤就会感觉到疼痛。但考虑到要让胡须立起来，外刃必须做成易于触及胡须根部的形状。要实现这一点，就需要外刃的刀片再薄一点。

松下电器精心设计出了能同时满足这两个相互矛盾的条件的精修刀片（图 3-16）。该刀片的构造并不是在一块平坦的薄片上开小孔。而是只把小孔周围同一个方向上的金属厚度设计为 41μm（0.041mm），这样的构造有利于触及胡须的根部，而剩下的部分金属依旧保持 60μm 的厚度，这样的形状能在内刃太过接近皮肤时防止皮肤受到损伤。

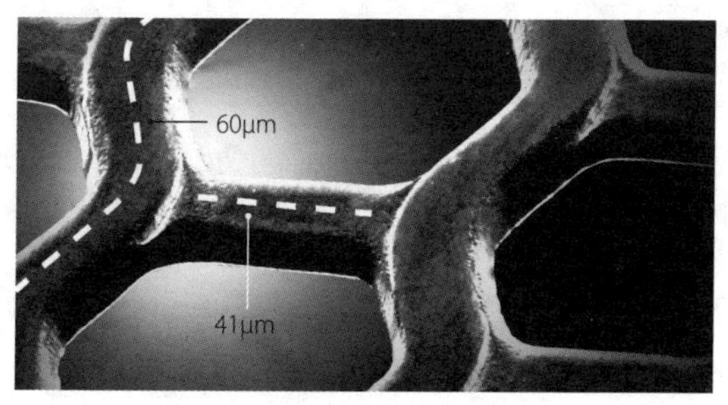

图 3-16　精修刀片的构造

复杂的结构在生产制造时更是极其困难。如前所述，因为这种精修刀片是在12mm × 38mm大小的面积上开1300个左右的小孔，所以制造的难度也就不言而喻了。

小知识

生产这种刀片用的模具是借助专用的切削工具施加压力来制造的。为了制造这种工具，需要精确的微细加工技术。据开发负责人介绍，从工具制造开始都是内部生产，这才使得这种剃须刀的刀片如此与众不同。

精心制作的刀片属于消耗品

由于电动剃须刀的内刃和外刃会经常接触水分和皮脂，所以需要进行清洁。也因此这些部件会使用不易生锈的不锈钢材料来制造。不锈钢不但不易生锈，而且硬度也比普通的钢材要高，同时还耐磨损。从这一点来说，不锈钢也是最适合制造剃须刀刀片的材料。

不过，刀片上无法避免地会沾上皮屑或皮脂。沾上这些物质，是使锋利的刀片变钝的最大原因之一。因此必须定期保养，去除污垢。

曾经的很多剃须刀产品在用刷子等清除垃圾后，还必须把内刃拆下来清洗，现在的清洗方式已经发生了很大的改变。因为出现了越来越多的防水产品，所以可以不用卸下内刃，直接用水冲洗。刀片的素材是不锈钢的，用水清洗也不易生锈，非常容易保持清洁。

尤其是高端剃须刀产品，附带了含有酒精等除菌剂的专用清洗液。内部的清洗和杀菌能同时进行的剃须刀产品也越来越常见。

即使进行适当的清洁保养，也无法避免内刃或外刃的逐渐损耗。毕竟它们是消耗品，为了不伤害皮肤，还是要定期更换。松下电器的剃须刀产品以内刃约2年、外刃约1年的更换频率作为标准。据负责人介绍，刀片耐用度在生产制造时有更严格的标准，为了保持舒适的使用体验，这是一个推荐值。

另外，虽说刀片是由硬金属制成的，但外刃呈极薄的片状。一旦受到冲撞或者掉落，刀片很容易破损或凹陷。这么一来，不但难以顺畅地剃须，还可能造成受伤。所以日常保管时，刀片上务必盖好盖子，万一感觉外刃有些不对劲了，需要及时换新。

按摩椅

从公共澡堂普及而来的放松电器

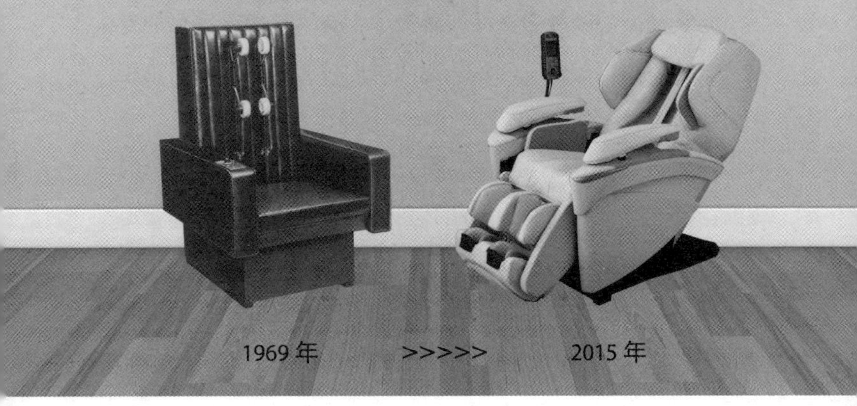

可以缓解令人难以忍受的腰酸背痛的按摩设备虽然不是生活的必需品，但也是滋润我们日常生活的家电之一。特别是按摩椅，更是人人都想拥有一台的梦想家电的代表。它受欢迎的程度从家电大卖场的体验区总是人头攒动就能看出来。

在日本，第一台家用按摩椅出现在 1954 年，是富士医疗器材公司开发的产品。松下电器是在 1969 年跻身进这一领域的。虽然现在全世界都在使用按摩椅，但发明按摩椅的是日本企业，最初也主要是日本国内厂家在市场份额和功能方面展开激烈的竞争。

面世之初的按摩椅基本没有在家庭中普及，大多以商用为主。初期在澡堂或温泉等公共浴场里，常见硬币式的按摩椅。在 20 世纪 50 年代到 60 年代的日本，澡堂曾是最能让人放松的场所，这一点产生了很大的影响。

在那之后，各个家庭里都有了浴室，澡堂的使用率随之下降，随着家电的普及，在越来越多的人追求能让生活更加丰富的产品的背景下，到了 20 世纪 80 年代之后，按摩椅的重心从商用转向了家用，形成了新的市场。

对手是专业按摩师

在了解能巧妙地帮我们缓解酸痛的按摩椅的原理和技术之前，先让我们来比较下初期产品和最新产品吧（参考前页照片）。看一眼就能发现，初期按摩椅的形状非常简单，而现在的产品则已经进化成了更复杂的形状。机械外形的变迁其实反映出了按摩椅向专业按摩师所拥有的技术发起挑战的历史发展进程。

按摩椅把一个叫作按摩球的部件压到人体上来缓解血液循环不畅的部位。这个按摩球代替了给我们做按摩的人的拳头和手指。

以前的按摩椅的按摩球常常在相当于肩膀高度的位置，并会随着内部电动机旋转而上下移动。按摩球会因这样的移动而接触到肩膀，通过推压产生按摩的效果。如果把它看作自动敲背机器更容易理解。

随着电动机的转动，虽然按摩球有些许打圈，但基本还是上下运动，这是因为使用了叫作凸轮的部件。按摩球沿着凸轮的外径移动，原理简单。

现在的最新产品中也采用了这种凸轮的运动，在驱动按摩球的方式这一点上没有区别。但是过去的按摩椅和现在的按摩椅的目标完全不同。

过去的按摩椅只停留在了将敲背自动化，最新的按摩椅实现了功能上的强化，可以模仿专业手法，远远超越了单纯的上下运动。

专业按摩师在按摩时的手部动作被称为手法。人体由骨骼和肌肉组合而成，这个组合非常复杂，如果不使用由对这些部位的了解以及放松这些部位的娴熟经验而形成的技术的话，就不能达到恰到好处的按摩效果。

拥有这种技术的是专业按摩师，模仿他们的手法才是现代的按摩设备开发者们的终极目标。

怎样模仿专业的技术?

以模仿专业手法为目标的现代按摩椅的开发工作是在各方按摩师的共同协助下进行的。松下电器特别重视探索“在某段时间里，对哪个部位进行怎样的按摩”才是最合适的按摩流程。比如现在的产品都把目标放在大概 19 分钟的时间内让用户获得最满意的体验。

小知识

开发负责人把这个19分钟的体验称为像讲故事的过程。在开发的时候，开发负责人亲身体会了专业的按摩，把使用感受反馈作为充实功能的资料。仅仅这项工作就持续了8个月的时间，在整个开发过程中占据了极其重要的地位。

如此制造出来的按摩椅的动作并不是仅由简单的敲打构成的。现在的按摩椅能够实现揉捏这样的手法。揉捏是将手贴在患部并垂直用力，由此推动肌肉纤维组织，使血液流通顺畅的方法。

按摩师用手指和手掌实现这样的动作，而按摩椅用按摩球模仿这些动作。把按摩球按入酸痛点，在大概 10mm 的范围内挪动，便会产生揉捏的效果。听负责人说，“将来也有可能会使用像机械手一样接近人手形状的物体”，不过目前来看，使用按摩球对人体施加压力的方法是最好的。

人体的结构是立体的，肌肉的附着方式也是立体的。因为按摩手法会沿着肌肉的走向，所以这种动作既不是直线的也不是平面的。以背部的面为标准，基本上必须立体地移动。基于具体部位的构造不同，有时必须加快速度移动，有时又必须慢慢移动才好。施力的方式也是根据部位变化的。

也就是说，要模仿专业的按摩手法，就必须对按摩球的位置、速度、强度、扭转方式等进行精确地控制。

现在的按摩椅不仅是单纯地上下左右移动按摩球，而是能更立体地移动按摩球，由此来尝试再现专业按摩手法（图 3–17）。按摩球自身的动作也不是简单的周期性圆周运动，而是不断地改变立体运动的轨迹和速度，变得非常复杂。

会书法的按摩椅？！

和改进按摩球的运动同样重要的是提升传感器的能力。

任由按摩球随意按压只会让人觉得疼痛，绝对不会产生按摩的效果。反之，强度不够又达不到缓解酸痛的效果。通过压力传感器能感知按摩球的推压情况，并根据每个人的身体状况来调整到适合的力度。

另外，不同体格的人，穴位的位置和肌肉的位置也是有差异的。为了使按摩椅准确地起作用，重要的是肩膀的位置。坐到现在的高端按摩椅上，位置传感器会自动调整按摩球等

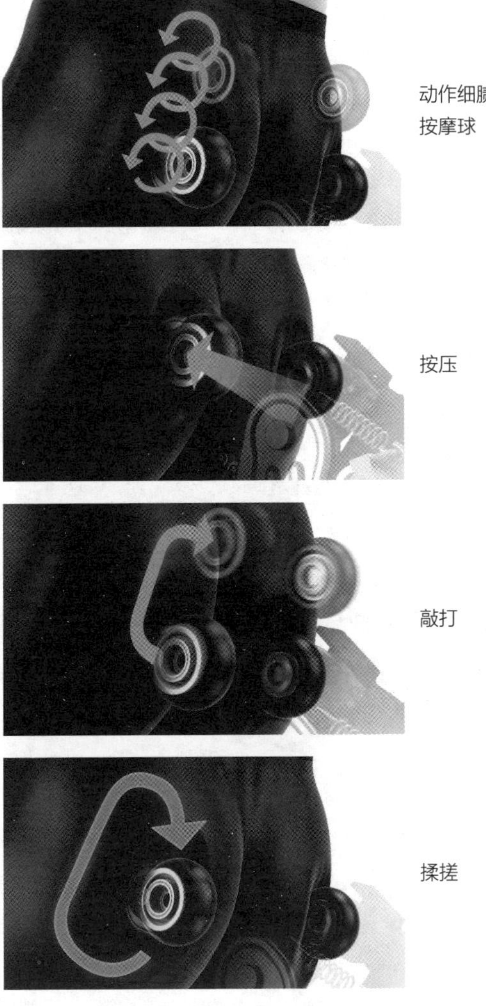

图 3–17　使用可全方位动作的按摩球进行按压、敲打、揉搓

的位置，实现像把身体包裹起来一样的运动。这就好似按摩椅里有一个专业按摩师，非常值得体验。

小知识

上文只是简单说了肩膀的位置，其实位置传感器并不只是检测肩膀的位置，而是根据肩膀的位置来判断这个人是什么样的体格，然后识别坐着时屁股的位置，这时通过压力传感器检测坐上椅子时哪个部位受到压力。以由此获得的这些数据为基础来调整按摩球的位置，进行最恰当的按摩操作。

这两种传感器即使在按摩开始之后也不会停止工作。因为人就算坐在了椅子上，身体还是会动，或者也会因按摩球的移动而动。这个时候仍然需要对按摩位置做出适当调整，所以传感器会持续工作，对按摩球的控制也会随着一起继续。

现在的按摩椅产品对按摩球以1/2000秒为单位进行控制，对移动范围或位置等进行细微的调整。通过控制立体的按摩球运动轨迹，可以将动作细致到什么程度呢？

小知识

其实能达到相当高的水平，丝毫不逊于人手的动作。松下电器的一台展示机型能够追踪书法家写字时的手臂运动轨迹，再通过按摩椅上所安装的机构模仿出来。

如今的按摩椅基本都已经发展到可以称之为机器人的阶

段了。反过来说，如果不是能够做出那么细微的动作，是很难模仿本是由人手来进行的按摩动作的。

怎样模拟手温？

按摩椅主要使用按摩球进行按摩。但是，为了提升整体的按摩满意度，还需要添加其他各种功能，特别是高端产品，能够模仿无微不至的按摩手法。

有些现代按摩椅的按摩球中配备了温感功能。由人来按摩时，按摩师的手温能让人感觉舒适。在放松肌肉的基础上，温度让人感觉舒适也很重要，所以通过给按摩球加温来模拟手温。

这项技术的关键在于如何实现接近人体的温度。其实适当地加温并不简单，如果只是像制暖设备一样单纯地加温，按摩时并不总会感觉舒服，如果太热了会很难受。

由于多数人在使用按摩椅时都是穿着衣服的，因此需要即使穿着衣服也能感受到的温度，或者无论穿得厚还是穿得薄都能感受到的温度，唯有进行精确的调节，才能达到这样并且不会太热。松下电器现在的产品所具备的温感功能是通过在连接着按摩球的棒状轴上安装加热器，并辅之以精确的控制来实现的（图3-18）。

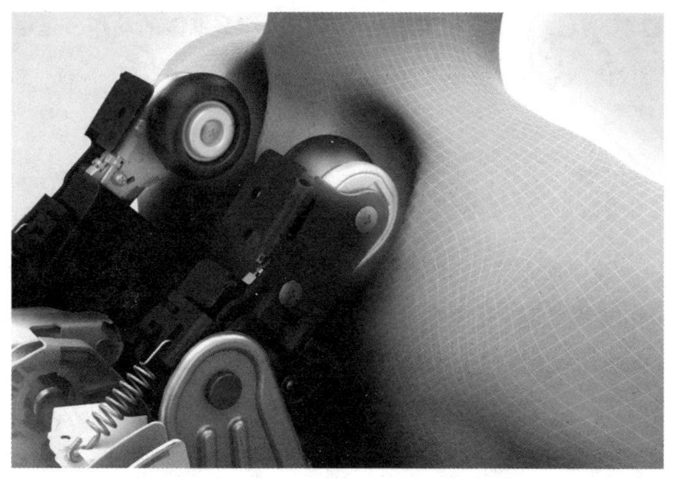

图 3–18　按摩球加温机制　接近人皮肤的温感会使人感觉更舒适，肌肉也能得到更好的放松。

除了温感功能，使人感觉舒适的另一个功能是拉伸。在接受按摩时，伸展身体也会让人感觉舒适。虽然按摩椅的主要功能是按压，但从整体满意度来考虑，拉伸功能必不可缺。为了实现这个功能，按摩椅上搭载了气囊（图 3–19）。

为了确定按摩位置，按摩椅首先需要检测人体的状态，同时还需要使用椅子两侧的气囊来固定住身体。比如要放松肩胛骨周围的肌肉时，肩膀被气囊固定后再让按摩球运动，就能模仿出拉伸的动作。此外，腰部两侧也用气囊固定，并让屁股下面的气囊膨胀起来，就能产生推压臀部的效果了。

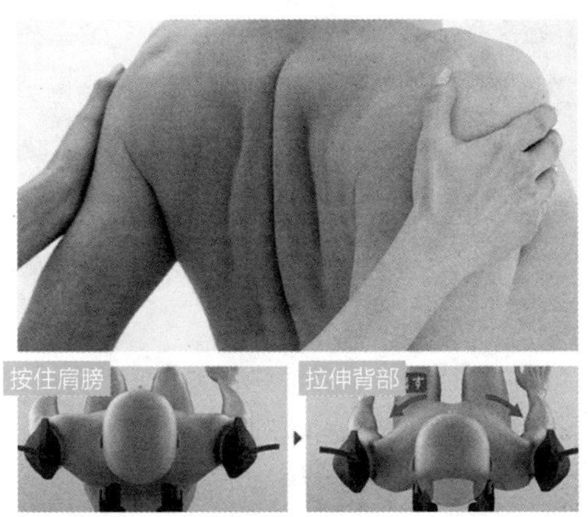

图 3–19　使用气囊实现拉伸功能　模仿拉伸肩胛骨周围肌肉的动作。

小知识

高端产品还具有对手和脚进行按摩的功能，气囊在其中也起到了重要作用。在刺激脚掌时，通过适当移动脚侧面的气囊，位于脚掌的凸起物就能产生刺激脚掌的效果。脚掌处也会安装加热器，同时具有温感效果。

按摩手的话也是使用气囊来实现指压效果，使用形状经过特殊设计的气囊恰到好处地压迫拇指或小指的根部，就能达到有人在用手给自己按摩的效果。

按摩的效果是通过数个要素组合起来达到的。不是只凭按摩球就能做到，也不是仅用温感就能提升，更不是只要有气囊就万事大吉了，而是由这些要素密切配合、相互协作，以模仿专业按摩手法为目标共同实现的。

按怎样的顺序，按摩哪个部位，怎样按摩会感觉舒服——为了在一个流程中把这些全部体现出来，开发团队付出了很多努力。现代按摩椅的动作有多复杂，只要看一下内部构造就明白了。松下电器在网上发布了该株式会社按摩椅的动作视频。

设计难度很高的家电

最后再给大家介绍一个对按摩椅来说非常重要的要素。

那就是坐着的舒适度。按摩椅也是一种椅子，而且属于消费较高的产品。因此需要追求平时坐着的舒适感，而且必须考虑到坐着舒服对按摩来说是一个加分项。所以除了坚固的结构，缓冲性和外观设计也很重要。在此基础上，还必须囊括那么多复杂的内部构造，可以说按摩椅实在是一种设计难度相当高的家电。

功能越多的高级产品，尺寸通常会越大。考虑到作为椅子的使用便利性，对尺寸上进行一定控制也是很重要的。按摩椅是提升生活品质的奢侈品，因此非常重视根据消费者的需求进行开发设计。

#13

坐便器

急速发展的新式家电

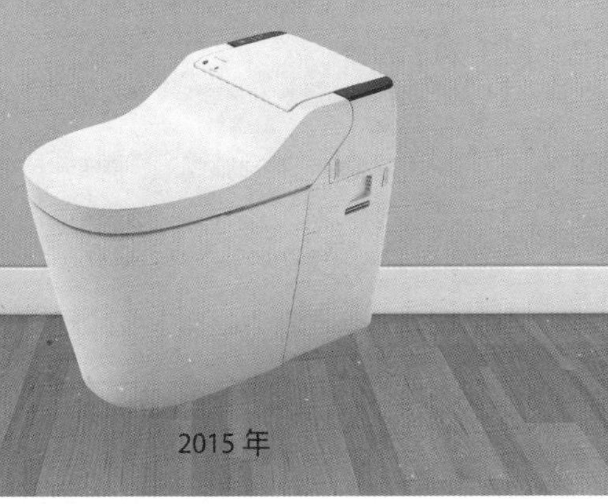

2015 年

坐便器（俗称马桶）属于一种家电？！也许有人会觉得不可思议。确实，曾经的坐便器只是一种会冲水的设备。

但现在的坐便器不仅会自动冲水，还能清洗便池，给座圈加温，寒冷的冬天的早晨也能让我们用得十分舒适，有些产品还具备温水清洗和除臭的功能等，可见它已经具备了足以称为家电的种种要素。特别是近年来，有些坐便器产品还内置了扬声器，使人能在上厕所时听音乐，还有些产品在研发配置根据排泄物的颜色来推测健康状态的功能等，它已经在越来越具有家电风格的同时在不断发展进化了。

借助重力冲水是基本原则

让我们先来了解下最初的坐便器，特别是西式坐便器的构造（图 3–20）。

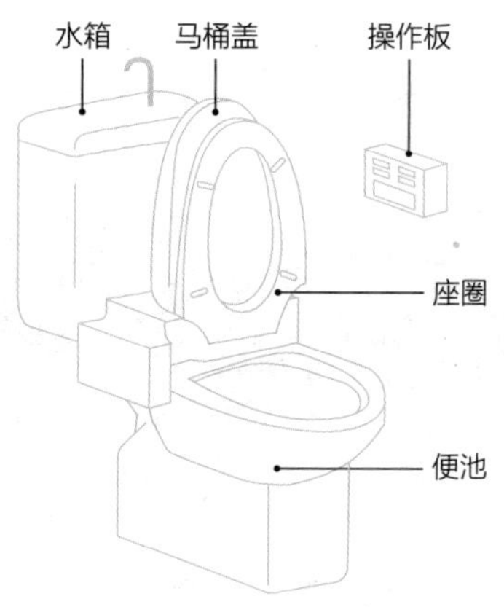

图 3–20　西式坐便器的构造

一般来说，把坐人的部分叫作座圈，它下面的部分叫作便池。多数座圈都是用塑料制成的，加热或温水冲洗等功能大多都安装在座圈上。

便池则多采用坚硬、耐脏、易于打扫的陶瓷。但并不是所有的便池都是陶瓷制成的，松下电器的 A La Uno 系列坐便器采用了有机玻璃作为便池的材料。

冲水坐便器必须有一个储存用来冲洗污物的水的水箱。多数情况下，会在便池外面设置一个大水箱，在那里蓄水。但是水箱也是会让本已狭小的卫生间显得更为狭小的障碍物。最近有越来越多不设置外部水箱，而是直接连接水管的无水箱坐便器，A La Uno 系列坐便器就是这种类型的产品。

小知识

便池内经常积蓄着一定量的水（图 3-21）。这些水可以防止下水道的异味上扬，还可以防止污物附着在便池上。冲的时候，会进入更大量的水，将便池内积蓄着的水和污物一起冲入下水道。为了不让冲下去的水和污物发生逆流，其内部的水流路径是经过精心设计的。

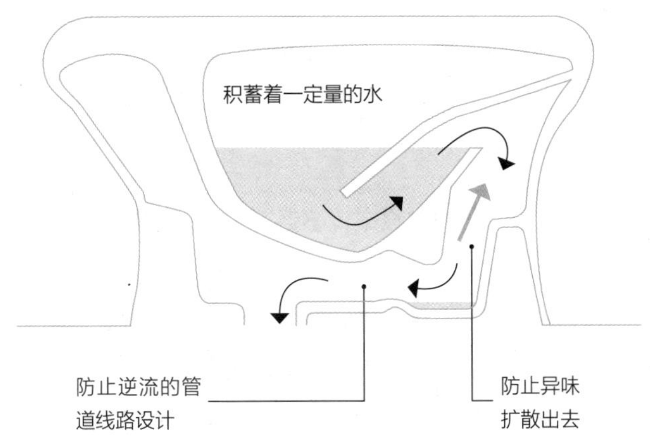

图 3-21　便池的内部构造

如果扩大排水通道的直径，水流会流得畅快并不易堵塞，但用水量也会增加，从而形成浪费，所以在标准上是有制约的。

以前也有过完全只借助落下的水来冲洗的坐便器，但现在的很多坐便器都使用了虹吸装置。虹吸装置是指用管子连接两个放在不同高度的装了液体的容器，位置较高的容器里的水会因为重力的作用而流到位置较低的容器里，始终高效引导液体流动的装置。虹吸装置具有不需要用泵作为动力的优点，会用于平时常见的泵等设备里。

水箱和便池内部，以及便池的蓄水和排水管之间都利用了虹吸原理，从而使排水更安静更高效。

在这样的机制中，冲水坐便器除了要向水箱供水，其他几乎完全不需要任何动力。所以曾经的冲水坐便器绝对不属于家电。

20 世纪 60 年代家电化开始萌芽

坐便器家电化的过程中传感器起了重要作用，即座圈加热和温水清洗功能。

在座圈里放入加热器以升温的加热功能一下子提高了坐到座圈上的一刹那的舒适度。以前的主流产品都只是简单地加温，因为不使用时也持续加温会浪费电，所以现在的高端坐便器，主流产品都是已安装了红外线传感器，能感知到人进入卫生间，然后迅速加温，而且使用完之后能立刻切断电源的类型。

温水清洗是在排便后用温水清洗肛门以保持清洁的功能。这个功能原本是医用的，在 20 世纪 60 年代的日本，开始作为家用产品普及。真正的普及是在 1980 年 TOTO 公司以卫洗丽的名称积极推广产品以后。现在可能还有不少人下意识地把温水冲洗坐便器和卫洗丽画等号。

到了 20 世纪 80 年代，在温水冲洗坐便器大卖的背景下，为其内置了传感器，从而增加了可以调节热水温度，或者不用起身就能控制温水冲洗的部位等更先进的控制功能。据日本内阁府消费趋势调查显示，温水冲洗坐便器在一般家庭中的普及率已达到 77.5%。这是根据结束使用冲水坐便器的家庭里，大多使用的都是温水冲洗坐便器来计算的。

小知识

虽然在日本，温水冲洗坐便器已经普及到了这样的程度，但在美国或欧洲还很少见。主要是因为：①和日本不同，卫生间内几乎没有配置插座。②制造厂家多为日本企业，在国外，实际体验过的人有限，阻碍了普及。

欧美地区，尤其以南欧为主，大多在卫生间同时安装了和便池分开的、用来清洗下身的叫作坐浴桶的器具，现在也在想办法

> 以温水冲洗坐便器和这种设施共存的形式来普及。另外，也有具备坐浴桶功能的产品，这是一种以温水冲洗坐便器来实现坐浴桶的功能而制成的产品。

在来日旅行等访日的人里，称赞温水冲洗坐便器的声音不断传开，甚至经常有人说“这是日本所做的最酷的事情之一”。还经常被游客作为特产带回家。也许不用多久，国外的坐便器也会走上家电化的道路吧。

耐脏材料和形状的发展

从坐便器的制造来看，不断尝试着使之更为家电化的是松下电器。

如前所述，在很多厂家都用陶瓷来制造便池的情况下，松下电器采用了有机玻璃作为材料。另外，该株式会社便池的结构也与众不同，它并不是只靠水流的力量来冲走污物。

该株式会社没有使用陶瓷制造便池的原因中，也有不具备陶瓷生产线这个现实的原因，但更多是因为看重经常保持清洁和容易清除干净这两点。因为消费者对便池的要求几乎都是关于清除污物的，各种便池首先考虑的也是清除污物方面的问题，A La Uno 系列坐便器尤其与众不同的一点就是把更多的重心放在了清除污物上面。

小知识

陶瓷被广泛用作便池的材料是因为其坚硬结实，不易损坏，而且虽然是一种廉价材料却有一种高级感，此外还有不易沾上污垢等优点。尤其是便池经常会受到硬刷子的刷洗，表面坚硬结实的陶瓷可以说是最适合的材料。但是从耐脏程度来看，还有更好的材料，有机玻璃就是其中之一。

虽然被称为玻璃，但和硅元素制成的普通玻璃不同，有机玻璃是透明树脂材料，学名聚甲基丙烯酸甲酯。A La Uno 系列坐便器所采用的就是这种材料，它拥有和玻璃相同的强度。

关于选择有机玻璃的原因，开发负责人提到了防止水垢附着。在陶瓷光滑的表面上含有很多硅元素，也就是和玻璃相同成分的物质，具有易于沾上水垢的性质。因为不仔细打扫就会使水垢残留，所以必须用刷子来刷。

有机玻璃具有比陶瓷更抗水垢的特点。水垢无法浸透树脂，只能留在表面，所以只需水冲，或者轻轻地洗刷就能去除。同时，为了让清洁工作更轻松，便池的形状也经过了精心设计。和普通便池相比，形状更简单，简单的擦洗就能彻底去除污垢。

A La Uno 系列坐便器上没有像西式坐便器那样附带水箱（图 3–22）。因为它和水管直接连接，所以需要比传统坐便器更精密的制造和设计。

图 3-22　不像西式坐便器那样附带水箱　使卫生间空间更简洁。

在设计时，设计人员发现相比于陶瓷，有机玻璃更适合作为坐便器的材料。普通坐便器的便池是由陶瓷材料制成的。这能有效地提高生产率，但因为烧制的方法等原因，陶瓷的尺寸有时会有 1cm 左右的误差。

从普通塑料产品是以极高精度生产制造出来的可以看出，树脂产品完全可能以更高的精度生产制造。掌握了制造各种家电外壳的要领，只改变材料就能进行制造，是 A La Uno 系列坐便器的优势。A La Uno 的意思也可以解释成家电化了的坐便器。

采用可以高精度加工的树脂材料来制造，使便池的形状设计有了更高的自由度。陶瓷做成的便池里有很多弯弯绕绕和转角，这些部位往往很容易积存污垢。另外，树脂制成的座圈和陶瓷制成的便池是不同的部件，在它们的接缝处也很容易藏污纳垢。

而都采用树脂来制造的 A La Uno 系列坐便器将这个结构一体化了，从而实现了不存在弯弯绕绕和接缝等易于藏污纳垢的部位。所以它不像陶瓷做成的便池那样需要用力刷洗，只需轻轻一擦就能保持清洁。因为使用有机玻璃能具备这个特性，其他公司的便池也开始采用，结构更简单、易于清洁的坐便器越来越多。

实现远超耗电量的节水

A La Uno 系列坐便器在清洁和排水方面也采用了和其他公司的产品不同的机制。

普通的西式坐便器的构造是在便池中蓄一些水，由此作为防止污水逆流以及异味逸出的“盖子”。虽然比较简单，但是管道变长，就会有为了让污物和水全部流走而耗费大量水的缺点（参考第 203 页图 3–21）。

而 A La Uno 系列坐便器采用了称为可动回转式的更简

单的形状（图 3–23）。在让便池中时常积蓄着一些水来防止污垢附着的做法方面并没有变化，但在冲走排泄物时，截住水的回转式管道会反转向下，让污水一边旋转着一边彻底排出。

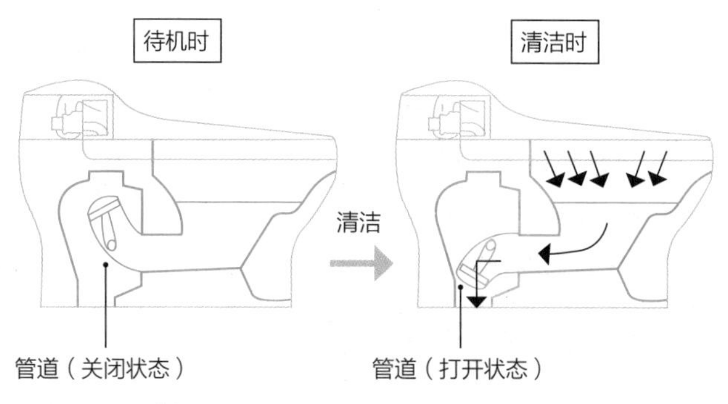

图 3–23　可动回转式坐便器

虽然因回转式管道而命名为可动回转式，但按下排水按钮使管道转动需要用电。这一点与传统产品相比，消耗的能源会增加，但管道变短，一下子就能冲走污物，能够控制水的用量，实现节水。

根据松下电器的估算，普通家庭用的冲水坐便器，20 年前的产品（13L 型）每年约需支付 20700 日元的水费，而同级别的 A La Uno 系列坐便器每年只需支付 6200~6700 日元的水费。而可动回转式坐便器所耗费的电力，一年不过几十日元，所以总体来看可动回转式坐便器更节约。

坐便器研究中不可缺少的模拟粪便物

在容易清洗和不易附着污垢方面，A La Uno 系列坐便器还有一个独到的设计：对泡沫的应用。

坐便器的污垢成因之一是污物的黏性。如果能够想办法使污物不黏在便池上的话，便池就会干净很多。

坐便器的盖子一般都是用手掀开的，但 A La Uno 系列坐便器基本都是通过开关按钮来打开或关闭盖子的。因为这个按钮同时还能释放出泡沫。

坐便器上会附着污垢的原因之一是当排泄物掉落进蓄在便池里的水时，落下的反作用力会让水溅起来附着到便池上。A La Uno 系列坐便器为了防止这种情况发生，设计为借助坐便器盖子开关按钮的联动，在便池内的水面上自动形成一层泡沫的膜。泡沫起到了缓冲垫的作用，便能防止水溅起导致的污垢附着了（图 3–24）。

这种泡沫在清洗便池时也会用到。在清洗时会同时生成直径约 5mm 的迷你泡沫和含有清洁剂的直径约 60μm 的微型泡沫，让这些泡沫和水一起流动，就能把污垢冲刷干净。

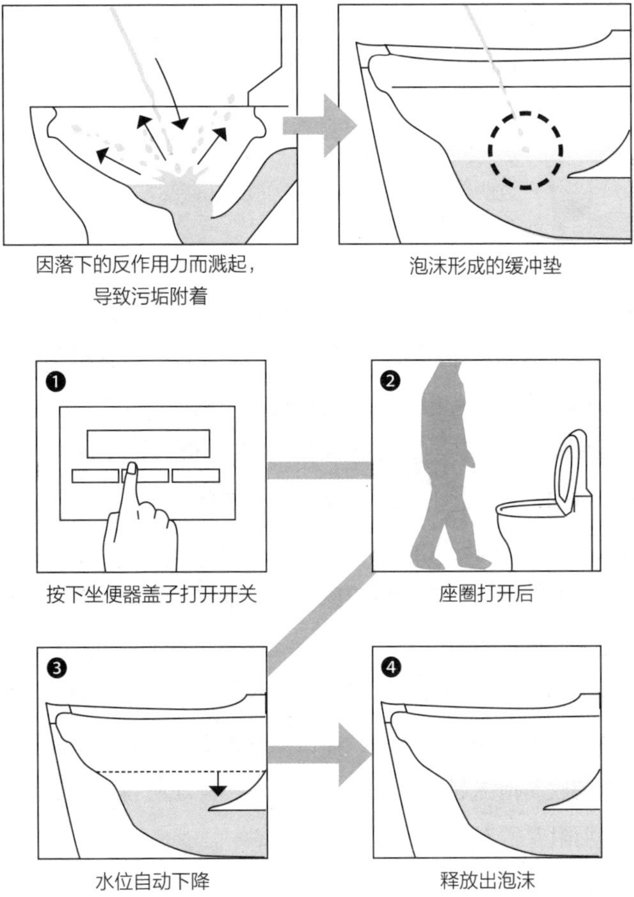

因落下的反作用力而溅起，
导致污垢附着

泡沫形成的缓冲垫

❶

按下坐便器盖子打开开关

❷

座圈打开后

❸

水位自动下降

❹

释放出泡沫

图 3–24　防止溅起的泡沫

小知识

生成泡沫使用的是家用餐具合成清洁剂。从人体里出来的污物中含有很多油脂，所以用去油污能力强的餐具合成清洁剂来清洗这样的污垢非常有效。只要事先把清洁剂倒入清洁剂盒里，冲水的时候会自动混到水里去。

在思考各种各样方法的坐便器开发过程中，试验如何才能像预想的那样流动是非常重要的。当然，并不是每次试验时都会真的冲洗排泄物。

在研究和开发阶段，会准备一台能产生类似于粪便的物质，即模拟粪便物的设备，借此来分析污垢附着的方式和流动方式。粪便的形状和性质会因一个人的体质或每一天的身体状态而发生诸多变化。为了使产品能应对所有的情况，开发人员必须制作出各种类型模拟粪便物，以确认这些物质在开发的坐便器里会如何流动。

小知识

制作模拟粪便物的方法，每家厂商都有自己的机密技术，对外保密。开发人员利用各种技术制作理想的模拟粪便物，用于改进坐便器的研究。

电热水器

避开用电高峰的节能家电

2015 年

最近建成的一些住宅里，安装环保热水器的越来越多。这里说的环保热水器，是指满足了一定条件的电热水器。它并不是哪种特定产品的名称，而是具备同样条件的产品的总称，主要是日本的电力公司或家电厂商所共同使用的名称。

热水器就是为家庭提供热水的机器，它不但有电气式的，还存在燃气式的或煤油式的等利用各种能源的产品。电热水器具有储存热水的功能，在任何时候都能用到热水，总体来说就是指节能且环保的热水器。

因为能环保地提供热水，所以有了环保热水器这个名称。电热水器自 2001 年发售之后，在日本国内得到了广泛使用。随着不使用燃气或煤油的全电气化系统型住宅的不断增加而普及。到 2014 年 1 月为止，日本全国有 400 万台电热水器正在被使用。

错峰用电对社会和家庭都环保

电热水器的基本工作方式可以归结为以下两点。

第一是在能更高效用电的时间段里烧水。

对电力的需求一般在人活动比较频繁的白天较高，晚上会变低。可能有人会觉得“那么只要大幅度减少晚上的发电量不就行了？”，然而从优先考虑高效生产大规模电力而建的发电厂的结构上来说，频繁改变输出功率并不容易。

因为不允许在需求高峰时发生电力不足的情况，所以发电厂时常会预估出需求最多的时间段所必需的电量而持续发电。也就是说，为了准备好白天所需要的电力，晚上也是处于不遗余力的状态。

可能又有人会想“那只要事先积蓄起来就行了嘛”，事实上这也行不通。电力具有难以高效储存的特点。极少的电量可以储存在干电池等里面，而要储存够整条街使用的电量并保证损耗不大是极其困难的，就算去尝试储存，最终也只会产生浪费。

于是错峰用电的办法便应运而生（图 3–25）。在白天电力需求高的时间段里所使用的家电中，把可以改变时间使用的家电错开到低峰时间段使用，这样既能减少高峰用电的需求，又能在电力充足的时间段里高效用电。最近为了缓解大城市公共交通的通行压力，推行了错峰通勤，和这个是同样的思路。

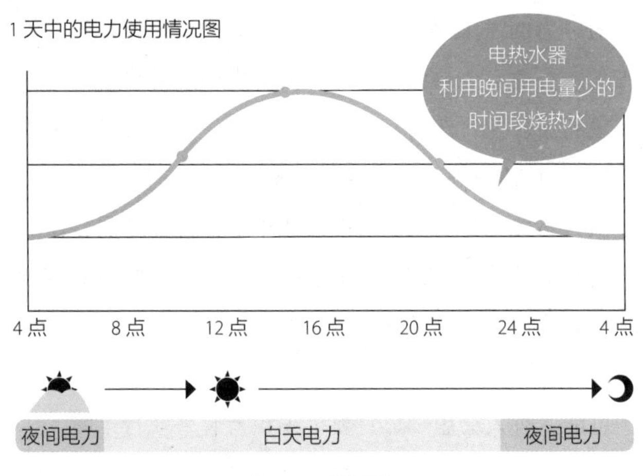

图 3–25　错峰用电

小知识

各家电力公司都把较充裕的夜间段的电费定得比较低。电热水器正是使用晚上价格便宜的电来事先加热并保温一天所需的热水。因为这种方式能灵活使用普通情况下可能会产生浪费的电力，所以对整个社会来说是环保的，另外，烧水所必需的电费也会变得便宜，因此对家庭来说也是环保的。

尽管为了储存大量的热水，就无法避免机身体积庞大，但不用每次使用必须烧水，随时都能使用热水，这是一个非常大的优点。

使用二氧化碳的热泵

第二是使用热泵来烧水。

大家应该已经很熟悉了吧。热泵是在冰箱和空调里都会使用到的装置，它利用了热交换原理，和冰箱里用于冷却的装置的基本结构并没有不同。

热泵是利用制冷剂（热媒）在受到压缩或者发生膨胀时发生的散热 / 吸热现象的装置。当一部分变冷时，那部分热量会转移到其他地方，是要加热还是制冷只是使用方法不同。

电热水器利用空气中含有的二氧化碳作为制冷剂。它正式的名称是自然制冷剂（CO_2）热泵热水器，所以把使用二氧化碳作为制冷剂的热水器叫作环保热水器才是准确的。作为制冷剂的二氧化碳虽然和用于空调或冰箱里的制冷剂相比效率低下，但因为它是自然界中的物质，所以对环境不会造成任何负面影响。

小知识

从能源利用效率来看，由于是把大气中的热量用于烧水，因此是非常高效的。如果电热水器只是把加热器作为热源，那么所有的热水都是用电加热的，而使用大气中热量的环保热水器的热泵，是把大气热量和电能以 2:1 的比例组合来给水加热，所以效率是纯电热水器的 3 倍。

不过鉴于应用的是大气中的热量，热泵的效率会在气温低的冬天比气温高的夏天低。也就是说随着季节变化，电费是会有浮动的。

别让热量跑了！

环保热水器是节能烧水的机器，也就是说，充分利用热量的设计对它来说是最重要的。其中的关键在于热量如何有效传导给水，将水烧开。

为了实现充分利用热量这个目标，有两个设计方向。

一是对热交换器进行专门的设计。这种电热水器是通过热泵利用热交换原理来给水加热的。热泵在有效利用能源方面有很多优点。但就像燃气热水器那样，无法瞬间给大量的水加热。

使用热泵内的热交换器给由水管供水的热水储存单元里的水加热后，需要再次把水返回热水储存单元储存起来（图 3–26）。

此时，热交换器能否高效地把热能传导给水非常重要。松下电器的环保热水器的热交换器，它的水管中有两根管是用来传输制冷剂的，这个管道经过了精心的设计。要把热量

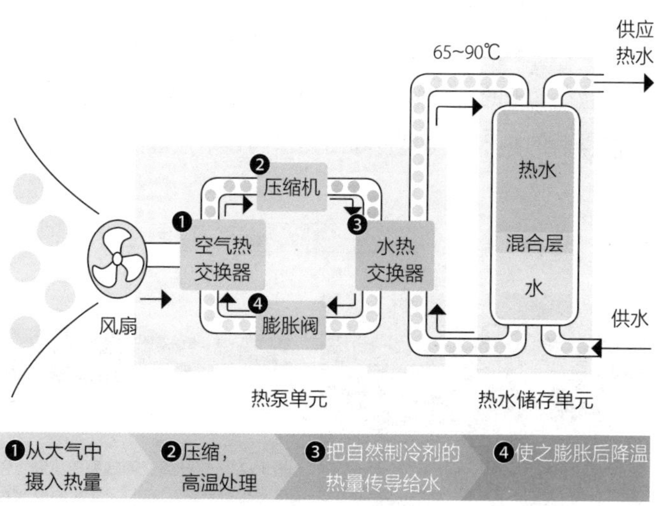

图 3–26　环保热水器烧水的原理

传导给水，必须增加水和制冷剂所通过的管道的接触面积，即和热泵里导出来的热量的接触面积。

因此，传送制冷剂的管道是两根内侧刻着沟纹的管子相互缠在一起的结构，这样就能在体积不变的情况下尽可能扩大接触热量的面积了（图 3-27）。虽然它的结构极其复杂，但为了追求牢固性，管道横断面的尺寸必须保持均匀。当然这对加工精度提出了更高的要求。

二是利用余热加温的设计。2012 年以来，松下公司引进了余热加温功能。所谓余热加温，是对洗澡后的热水的余热进行再利用的一项技术。

如前文所述，环保热水器是先把水管中的水储存进热水储存单元，在热泵加热之后再返回到热水储存单元中，作为热水储存起来的。余热加温是在这个基础上，再通过热交换器，将洗澡后的热水的热量传导给热水储存单元里的水。因为从

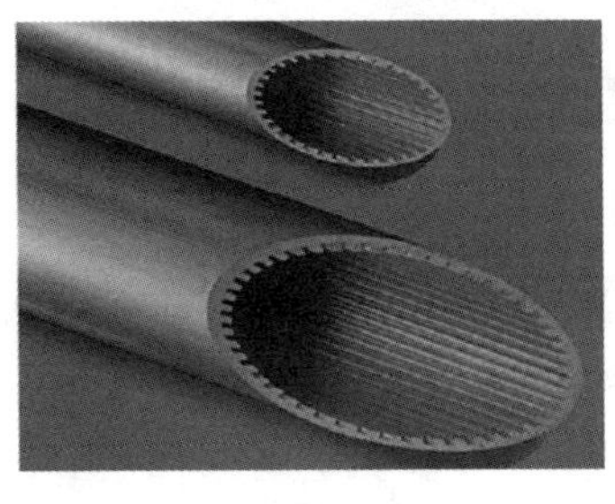

图 3-27　提升热交换效率的机制　管子内侧刻沟纹（左），是两根管子相互缠在一起的结构（右）。

这套机制中获取了热量，可以节约一开始烧水时所需的能量。

一听到使用洗澡后的热水，似乎会让人想到把洗澡后剩下的水转移到热水储存单元里进行再利用，但其实只是通过热交换器把其中的热量提取出来而已。所以完全不用担心卫生方面的问题。

小知识

根据开发负责人的叙述，有了余热加温功能，可以从第二天洗澡的热水里回收最多约 10% 的热量。从技术上来说，是可以提取更多热量的，但由于热泵具有对热水再次进行加热的让人头疼的性质，所以回收太多热量的话反而会导致烧水效率降低。10% 的回收量是平衡两者之后最合适的选择。

利用既不热也不冷的水

冷水和热水都会进入热水储存单元中。由于两者的密度不同，所以热水会自然而然地聚集到储存单元上方，而冷水会聚集在储存单元下方（图 3–28）。

由于热水和冷水一旦混到一起，平均温度就会下降，所以在热水储存单元的内部有一套机制来保证尽可能地不要搅拌热水。热水最高会被加热到约 90℃，而在冷水和热水之间

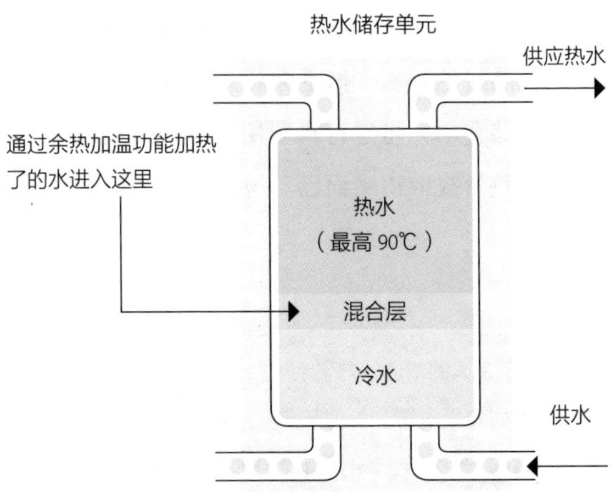

图 3-28　热水储存单元里的热水分布情况

的混合层里的水不会达到这个温度。所以设计成由余热加温功能加热的水进入这个混合层，这样一来，在不需要温度较高的水时，就可以不用从充满热水的上方取水，而是从接近混合层的位置，取温度相对低一些的水来使用了。

如果好不容易储存起来的热水的热量从热水储存单元里流失了就失去意义了。所以热水储水单元被设计成用一层玻璃棉制成的真空隔热材料覆盖着，不易受到周围温度变化的影响（图 3-29）。

图 3-29　和冰箱通用的真空隔热材料

小知识

据开发负责人说，环保热水器里所使用的真空隔热材料本来是为冰箱研制的。虽然一个是用来制冷的设备，而另一个却是用来制热的设备，但在防止热量转移方面，两者所需的技术是共通的。

除了隔热材料以外，环保热水器还具备预防热水不够，或者防止入浴时温度变低的机制。每天洗澡需要使用大量的热水，环保热水器凭借这套机制会记住温度下降的时间段而根据这个时间来多准备热水。这和用于空调的人体传感器是相同的设计理念（参考第 159 页）。

创造舒适的淋浴

环保热水器的特点是在热水储存单元里储存大量的热水和冷水。这样的机制有优点也有缺点。

小知识

优点是就像在家里有一个巨大的储水箱。热水储存单元能保证有 370~470L 的热水。发生大地震等灾难时，或者诸如供水系统发生问题时，热水储存单元里的水能作为生活用水来使用。不过，因为环保热水器里的水毕竟不是饮用水，还是不要用于饮用比较好吧。

缺点是为了能储存 400L 左右的水，必须要有一个巨大的水箱。在大地震等情况发生时可能会倒塌或者对人造成伤害。为了应对这个问题，热水储存单元建造得十分坚固，还采取了周密的防震措施。松下电器为他们的产品设计了能抗住 7 级地震的热水储存单元。

另外，由于使用内置减压阀在热水储存单元以一定的压力来储存热水，所以也有水压下降的缺点。水是以相当大的水压从蓄水池送来的。但环保热水器为了储存热水，会降压将水积存在水箱内部，这样就会导致和直接从水管里获得的水相比，最大水压偏弱。

因此，就会产生淋浴的水势偏弱等问题。燃气热水器等是短时间给水加热，能够基本保持供水管里的水压，所以不会产生这样的问题。

如果使用强大的高压型环保热水器，也不会有这样的问题，即使在三层房屋的较高楼层也可以舒适地淋浴。

也可以通过提升水压，实现舒适淋浴。即有意识地改变淋浴时的热水出水方式。松下电器把这个功能命名为节奏淋浴，它是让淋浴的水流以每分钟 120 次的频率出水约 2L，随之温度也以约 40 秒为周期变化。

经过这样的处理，热水会有节奏地淋到身体上，让人感觉比简单地用强水压淋浴更舒服。另外，因为这种功能同时还能减少热水的使用量，所以最多能节水约 10%，能耗方面最多能节省约 20%。而且这个功能还能在感应到有人进入浴室之后才启动。

第 4 章

与家电相关的产品和管理系统

#15

电　池

促进数字设备发展的幕后英雄

1954 年　　>>>>>　　2015 年

一次电池和二次电池

电池是我们日常生活中不可缺少的能源。在电网覆盖不到的地方使用电池是必需的。电池有非常多的种类，我们平时可能都没有意识到，生活中我们在使用着各种各样的电池。

电池用来提供电能，我们平时生活中所用的电池通常都属于化学电池。化学电池是将化学能直接转变为电能的装置，根据形状和材质的不同可分为几种。将氢气等燃料的化学能直接转化成电能的燃料电池也是化学电池的一种，但因转化成电能的原理不同，所以有别于普通电池。

另外，不借助化学反应的电池被称为物理电池。最常见的物理电池是太阳能电池。关于太阳能电池会在下文详细介绍。

此外还有将热能转化为电能的热电池，以及将原子核放射能转化为电能的原子电池，它们都属于物理电池。

本书介绍的是化学电池中种类最丰富的、利用普通的放电原理的电池。根据是否能充电，通常分为两类（图 4-1）。用完后无法充电的电池叫作一次电池（原电池），一般情况下，所有的干电池都属于一次电池。可以充电的电池叫作二次电池，也叫作充电电池或蓄电池等。这两类电池虽然各自所使用的材料不同，但原理都是一样的。

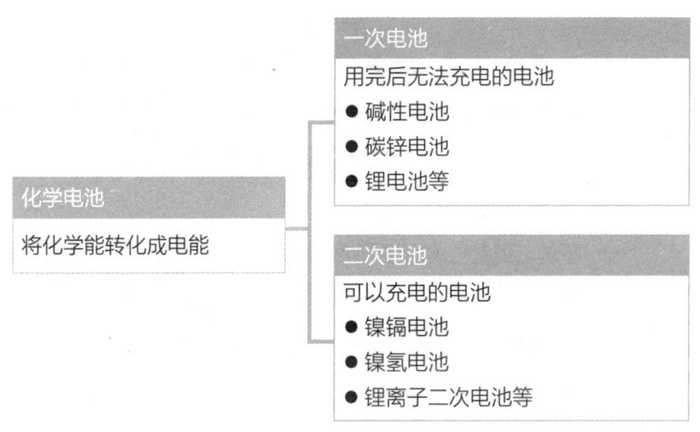

图 4-1　化学电池根据是否能充电分类

电是怎样产生的?

首先我们来了解一下一次电池的基本构造吧。

一次电池和二次电池都是由正极、负极以及电解液这三个要素构成的，这一点是共通的。易于溶于电解液的金属作为负极，当这种金属浸入电解液中后，金属就会溶于液体，同时电子会通过导线从负极流向正极。在正极，移动过来的电子又会和电解液中的离子结合，于是便会在正极和负极之间产生电流（= 放电）（图 4–2）。

作为电流驱动力的电压是由电池正极和负极使用的材料决定的。电池内部会发生氧化反应和还原反应。电解液起到促进这个反应的作用。

小知识

看图就能知道，电池的原理本身非常简单。只要把盐水作为电解质，十日元硬币作为正极，一日元硬币作为负极，就能制成电池。据说原始电池在 2000 多年前就已经存在了。近代的电池是在 19 世纪由伏打发明的。

不过，只是把金属浸到液体中的电池使用起来不但非常不方便，而且也产生不了足够的电力。在经过各种反复试验之后，1887 年，屋井先藏发明了后来成为现代电池原型的钟表用电池。随着之后反复改进，最终出现了现在的圆筒形干电池。

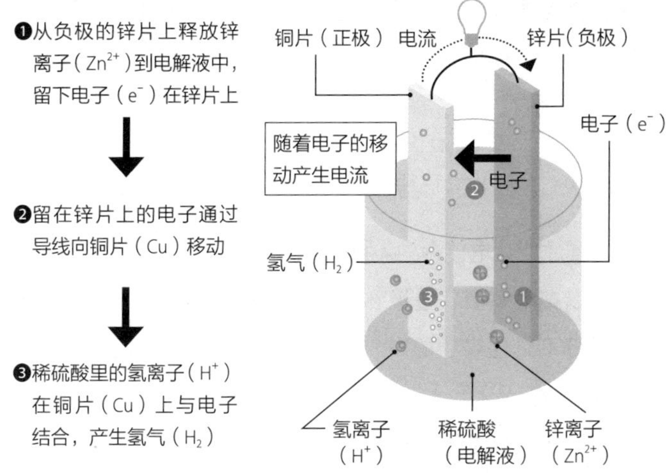

图 4–2　电极之间产生电流的原理　简单的伏打电池的例子。

前文所说的使用液体的电池统称为伏打电池，是最简单的电池。实际上，电极本身极少直接参与反应，电极一般用于集电，并在其周围放置作为反应主体的物质以发电。反应主体的物质叫作活性物质，电极大多都是由作为反应主体的活性物质和承载活性物质、具有导电性并能进行集电的集电体构成的。

在电流流动的同时，活性物质和电极的状态在不断改变，电解液的性质也会改变。我们通常把电池无法再产生电能的现象叫作电池没电了，其实它本质上指的是电池超过通过反应进行放电的极限了。

 怎样让电能持续产生?

怎样才能让电能源源不断地产生呢?

可以把电解液、电极和活性物质换成新的。但只替换必须的部分不是件容易的事。干电池将这些物质做成包，是种易于替换的产品。

但其实就算把电池的皮（外壳）等组成物质一一换了也没用。干电池在易于使用的另一面，是无法循环使用，易于造成资源浪费。

有一种通过让电流朝着和平时相反的方向流动，发生和放电相反的反应，从而使没电了的电池恢复到最初状态的方法。恢复到了最初状态的电池，能产生的电能也恢复到了原来的状态。这就是充电的本质。

也许有人会问“一次电池是不是也可以充电呢?”，这实际上是行不通的。因为充电的时候，充进去的能量一部分会变成热量，而且电极或者活性物质的状态也并不能完全恢复到最初状态。由于干电池所采用的材料和构造就是以一次性使用为目标的，所以不但不能正常充电，甚至很可能因充电发热而导致破损和漏液等事故。

于是就产生了对二次电池的需求。二次电池是以充电为前提来选用合适的材料和构造而制成的。和干电池相比，制造工序更复杂，材料的成本也高，这虽然是个缺点，但鉴于可以反复使用，总体来说还是属于非常实惠的一种设计。

手机和个人电脑等设备都属于几个小时乃至几十个小时连续耗电的产品。如果使用每次用完就扔的一次电池，这类设备根本不可能出现。所以，说因为有了大容量的二次电池才得以存在这类产品应该不为过吧。

干电池是什么意思?

电池里必须有电解液，但如果这个液体就这样直接使用的话，对于运输和携带来说是非常麻烦的。另外，液体在低温地区还有可能因为冻住而难以使用，这也是个问题。

作为一次电池主流产品的干电池，正如它的名字一样，从外壳上感觉不到液体的存在，是既安全又使用起来很简单的电池。虽然名字是干电池，但并不是完全不含水分，否则就没有作为电解液的物质了。

小知识

在干电池中，通过把电解液浸入固体材料，或者采用糊状的电解液来防止漏液。原本如此设计是为了便于携带，更是为了在寒冷地区也能作为钟表的电源使用，后来成了现在我们所熟悉的、紧凑的圆筒形，并普及开了。

干电池的形状和电压都是以国际标准来确定的。从 1 号电池到 9 号电池都是圆筒形干电池的标准，其他还有主要用于小型设备的纽扣型电池和近年基本已经看不到了的立方体形的 006P 型干电池（图 4–3）。

图 4–3　干电池的分类　圆筒形的干电池（左）和立方体形的 006P 型干电池（右）。

 把 5 号电池当作 1 号电池来用？！

在圆筒形干电池中，从 1 号电池到 5 号电池的高度都相同，只有直径不同。直径的差异和容量的差异是有直接关系的，即不同直径的电池能够提供的电能不一样。

换句话说，1 号电池虽然能使用更长时间，但体积大，而 5 号电池虽然体型苗条，重量轻，但是容量小。由于中央电极部分的形状是一样的，因此最近出现了将 5 号电池作为小容量的 1 号 /2 号电池来使用的转接器（图 4–4）。

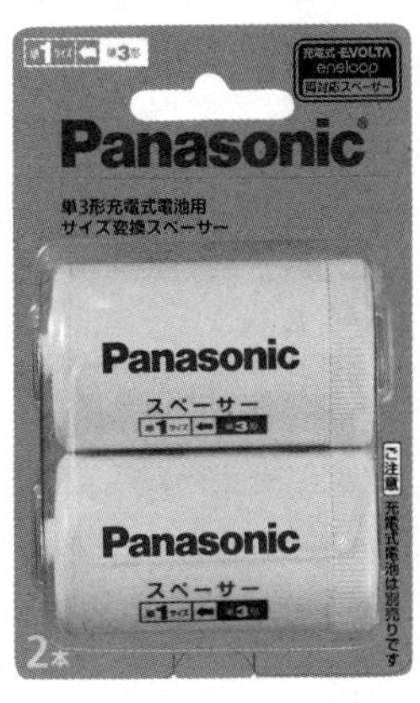

图 4–4　转接器　将 5 号电池作为 1 号电池来使用的转接器。

图 4–5 所示是碳性电池的结构。正极由以二氧化锰为主的材料制成，通过配置在中央部位的炭棒来集电。负极用锌制成，形状像覆盖着整体的外壳，电解液则浸透了正极和隔膜纸。

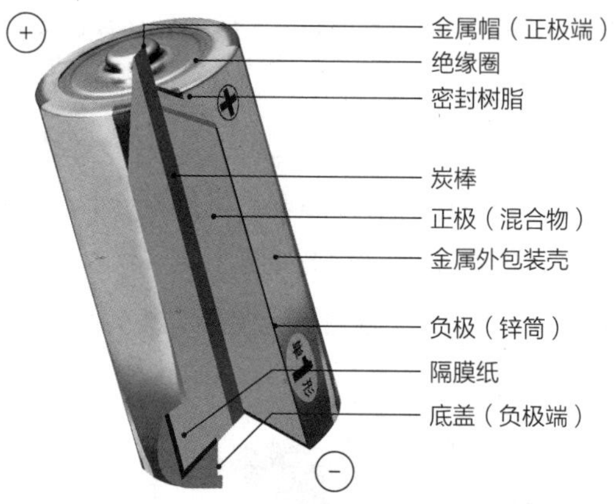

图 4-5　碳性电池的结构

小知识

电池的电压不是保持不变的。几乎所有干电池在出厂时的电压都达到了 1.6V，但随着持续使用电压会下降。

前文中介绍了电池没电了是指随着反应的进行，无法再产生电能的状态，但在实际使用过程中很少会用到完全产生不了任何电能。往往都是因为无法驱动使用该电池的设备（达不到所需的电压 / 电流）了而更换新电池。

 不同设备使用不同的电池

电池所选用的材料不同、构造不同，能用多少时间、有多少电量、如何输出也会不同。经过一定时间的使用后，电

压和电量会发生怎样的变化，这种性质叫作放电特性，不同种类的电池，放电特性会有很大的不同。

碳性电池的放电特性属于“磨磨蹭蹭型”（图 4–6）。保持电压很难，虽然会逐渐下降，但要到零的话却需要耗费相当长的时间。如果用于像遥控器或手电筒这样只需低电压就能工作的设备，就能持续使用更长的时间。事实上，廉价的碳性电池非常适合这类设备。

而数码照相机等数字设备因为需要比较高的电压，所以根据碳性电池的放电特性无法使用。

为了迎合高电压干电池需求而问世的是俗称碱性电池的碱性锌锰电池。碱性锌锰电池把碳性电池里呈弱酸性的电

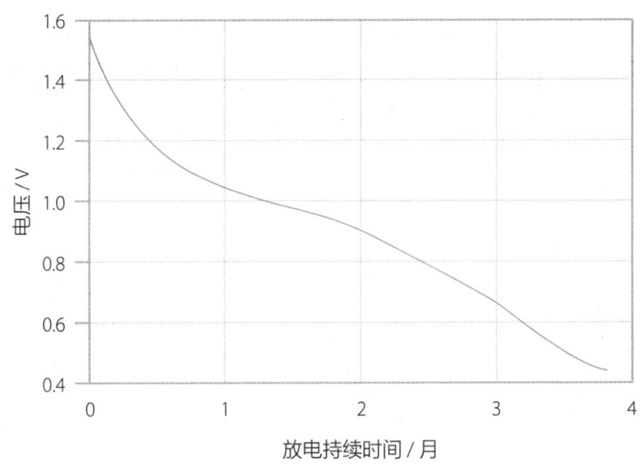

图 4–6　碳性电池的放电特性

解质换成了碱性的氢氧化钾溶液，使用锌粉作为负极活性物质，电解二氧化锰作为正极活性物质，由此就能一直保持高电压输出。

由于同样是使用二氧化锰和锌，所以碱性电池电压值本身和碳性电池是一样的，但放电特性发生了改变，能以高电压状态维持更长时间，可以满足碳性电池所无法满足的需求。在即使低电压也能工作的设备中使用时，碳性电池和碱性电池的工作时间并没有太大的差别，但在需要高电压才能工作的设备中使用时，两者之间产生数倍之差都不算罕见。

但提高反应性能的同时，对设计和制造也提出了更高的要求。

内部的电解液流到外部的现象叫作漏液。碳性电池虽然也会发生漏液，但由于碱性锌锰电池里的电解液使用的是反应性能更高的物质，因此需要更可靠的防范措施。而且即使不通电的时候，电解液和锌活性物质也会发生反应，虽然极其微弱且缓慢，但还是会导致产生氢气，发生漏液。因此，碱性电池里采取了抑制氢气产生的措施。

小知识

以前，为了防止气体产生，会在电池的锌负极一侧混入微量的水银。现在考虑到水银给环境带来的负担，已经停止使用水银，改为使用铟或铋和锌的合金。电池包装上写着“水银含量为零”，指的就是这个情况。

高端电池才有的构造

能以高电压持续输出电能多久，这是电池的重要指标之一。提高这个指标和提升电池的输出功率有关。

电池的输出功率与正极材料和负极材料的正对面积有关。被称为线轴型的普通干电池，因为其构造都是在一个筒状容器里放入材料的形式，所以，该容器内侧面的面积就决定了一切。

于是就出现了螺旋型电池（图 4–7）。螺旋型电池采用将正负极分别制成片状，通过隔膜纸堆叠在一起后，再卷绕成圆柱形的结构。立方体形的电池也会将薄片堆叠或卷绕成圆柱体之后再制成立方体形。凭借这种设计，在体积没变的情况下，两极材料的正对面积却大了很多，于是便能制作出输出功率更高、能长时间供电的电池了。

从另一方面来看，这种构造的电池的缺点是制造成本高和时间长。普通干电池1分钟内能生产500~1500节，而螺旋型电池在同样时间内只能生产50~100节。

不像普通干电池那样廉价，用完就扔，二次电池能无数次地反复使用，也有的一次电池，输出能力强，就算价格偏高，人们也愿意购买，比如锂电池。

锂电池因为其电解液中的离子移动程度低，采用线轴型

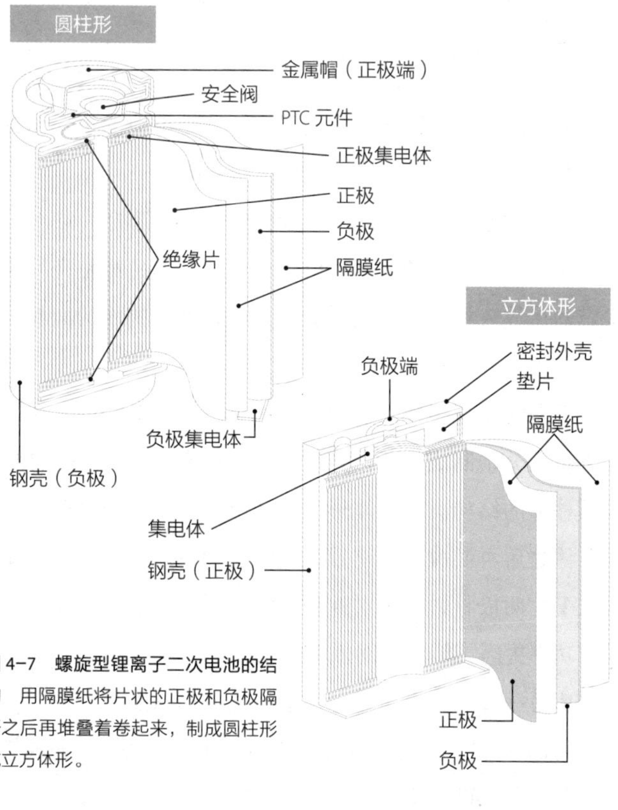

图 4-7　螺旋型锂离子二次电池的结构　用隔膜纸将片状的正极和负极隔开之后再堆叠着卷起来，制成圆柱形或立方体形。

设计的话经常会导致输出功率不足，所以多采用螺旋型的构造。另外，有一种属于二次电池的镍氢电池，在最后快要充满电量时，会在其中一个电极上产生氧气。为了防止内部压力升高而导致漏液，就必须使另一个电极吸收气体，两极之间正对面积大的螺旋型构造对处理这种情况也很有优势。

什么电池电量最大?

现在，很多电子设备中所使用的都是把锂化合物作为材料的锂离子二次电池（锂电池）。锂离子二次电池具有重量轻但单位重量相对应的电量却非常大的特点。在追求小型、大容量、重量轻的情况下，可以说是最符合要求的二次电池（图 4-8）。

以智能手机和数码照相机为代表的IT设备，随着所需处

图 4-8　锂离子二次电池

理的数据量的增加，耗电量也会跟着增加。作为非常便利的设备，在每一天的生活中人们对它们的依赖度也变得很高，所以能使用多长时间是最受重视的一个条件。要满足这样一个苛刻的条件，就需要一种既能时常保持一定的电量，同时能在同重量同体积的材料中产生更多电能的产品。以现代的技术来看，能满足这种需求的最佳产品就是锂离子二次电池。

锂离子二次电池的原理诞生于1980年。锂离子二次电池从诞生到现在也不过40多年。作为电池界的“新人”，正是因为人们在电量方面的迫切需求，使得这种电池得到了飞速的普及。

锂离子二次电池是以节作为电池的个体单位进行生产的。实际使用时，只使用1节，和数节组合在一起使用，各个设备能获得的电压是不同的。

小知识

从生产数量上来看，锂离子二次电池多数用于数字设备，但电压高、容量大的产品可以用于电动汽车和混合动力车的电池组。如果把用于电动汽车的电池组所能储存的电量换算成普通智能手机的充电电池的电量，就相当于 3000~6000 块手机电池的电量，所以也会有人把这种电池组拿来给家里供电。

充电电池必须电量用完才能充电吗?

大家有没有遇到过在使用二次电池的过程中，电池所能充的电量越来越少的现象？这种现象叫作记忆效应。随着电池被反复使用，补充充电之后，充电起始点的余量像是会被记住一样，所以称为记忆效应。这种现象尤其在镍镉蓄电池和镍氢蓄电池上非常常见。

现在的电池都被要求短时间内充完电马上就能使用。就像一个星期中会充好多次电的智能手机那样，越来越多的设备都需要电池能适应频繁放电又充电、循环不断又严苛的使用方式。锂离子二次电池和镍镉蓄电池相比，并不只是单纯地容量更大，而是使用寿命也比其他充电电池要长得多，因此完全能够符合现代数字设备所要求的使用条件。

在最新的数字设备中，有越来越多的产品搭载了在确认充电状态时，充电器侧会临时性地提供大量电流，从而进一步缩短整体充电时间的技术。比如高通公司支持“Quick Charge 2.0”标准的智能手机和充电器，和不能支持的设备相比，充电时间能缩短75%。

不过，作为延长智能手机电池使用寿命的方法，接下来的这些说法大家有没有听到过？就是“电量用一半时不要充电，等全部用完了再充比较好”“充电状态达到100%时，不可以继续插着电源使用手机”。

小知识

其实这些说法并不正确。首先，前者完全是错误的。锂离子二次电池由于不存在所谓的记忆效应，所以没用完时就补充充电是不会减少电池容量的。

后者则需要加一些补充。当充电状态达到 100% 时还继续插着电源使用手机的话，确实对电池不太好。但那并不只是维持 100% 充电状态的问题，电池发热也会造成不好的影响。

有些个人电脑的机型，具备在插着电源使用时，电池充电量可以在80%~90%左右停下来，从而减少电池本身消耗的功能。这个功能的名字叫作充电保护或环保充电，这是一种能控制无谓的电量消耗，同时又能延长设备电池使用寿命的设计。

由于现在的电池工作时间都变得很长，充到80%的电量基本就够用，所以这个功能十分普及。具备环保充电功能的松下电器的笔记本电脑的电池相较于不使用这项功能的电池，其使用寿命最多可延长到1.5倍。

防止过热的安全网

锂离子二次电池仍有需要解决的问题。即它内部电解质的易燃性。我们偶尔会听到手机或者笔记本电脑的电池发热甚至起火的事故报道，这些都是使用锂离子二次电池的产品发生的。

锂离子二次电池有可能因过量充电等情况发生异常发热，或者因质量不过关或事故导致内部短路等情况而发生异常发热。

但是大家对此也不必太过担心。锂离子二次电池中采取了各种安全措施，在普通正常使用的情况下，几乎不会发生严重事故。

采取安全措施的目的是中止有可能导致异常发热的充电或放电行为。

通常情况下，锂离子二次电池里内置了检测充电和放电状态的控制器，因此能防止可能导致发生事故的状况。另外，电池内部的材料也是经过精心设计的。隔开正极和负极，使用只让必要的分子通过的隔膜纸。隔膜纸使用的是一种分子通过的小孔会因发热而收缩关闭的材料，所以当发生异常发热时，充电或放电会被中止。

电池的密封使用了一种叫作 PTC 的元件（参考第 240 页图 4–7）。PTC 元件里含有碳元素，在平时它起到导体的作用，但当发生异常发热时，由于热胀冷缩，其中的碳分子就会被互相拉开。如此一来，就无法再发挥导体的作用，于是电流就会停止，从而控制住异常发热。

不只是过量充电，压力过大也可能造成事故。比如从高空落下或者从外部受到巨大的压力等导致电池发生变形时，内部就会发生短路而异常发热。发生这种情况时，也可以凭借上面提到的措施来防止事故变得更严重。知道了这些情况以后，万一遇到电池损坏或者发生变形时，为了保证安全最好赶紧停止使用。

#16

太阳能电池

花了 30 年时间研究如何提高效率的发电装置

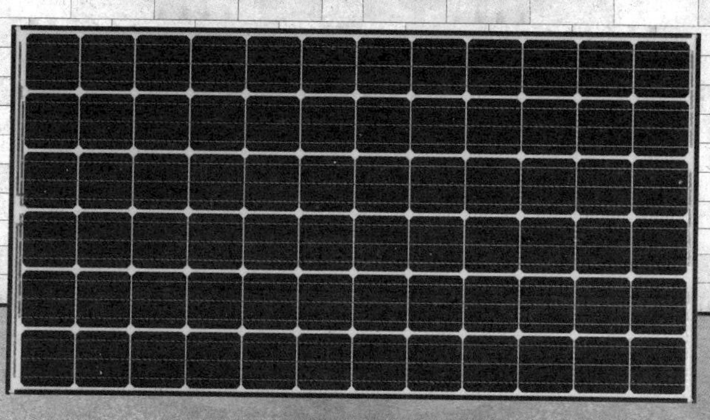

2015 年

鉴于为了减轻温室效应需要减少二氧化碳排放，以及应对电力供应源的多样化需求，太阳能发电越来越受关注。除了增加了很多设有大规模太阳能发电农场的企业和团体，在自家屋顶上安装太阳能电池板来供应电力或从事有偿用电的家庭也正在增多。

虽然还没有完全普及，但太阳能电池一定会成为支撑起我们日常生活的装置。相对于前一篇中所介绍的化学电池，作为太阳能发电系统核心部件的太阳能电池属于物理电池。虽说同样都称为电池，但与普通的化学电池相比，太阳能电池的原理构造有非常大的不同。太阳能电池本身不是储存电能的载体，而是发电的设备。

小知识

太阳能电池的历史绝对不短。发电能力很弱的太阳能电池早在 19 世纪末就已经开始生产了。现在使用的半导体太阳能电池的问世是在 20 世纪 50 年代，刚开始是作为偏远地区的通信设备或者航天飞机、人造卫星的电源等使用，是其他供电方式难以实现的地方所使用的特殊电源。后来因价格下降，又应用到了电子计算器和钟表上。

促进它演变为现在这样的使用形式的主要原因是太阳能电池的发电能力发生了质的飞跃。以前产生相当于干电池的电量就已经竭尽所能了，但现在安装在普通家庭屋顶上的 20 片太阳能电池板（模组），基本就能满足一个普通家庭一年的用电。

当光照到半导体材料上时为什么会发电?

虽然发电能力确实发生了质的飞跃，但半导体太阳能电池的基本原理从 20 世纪 50 年代起到现在没有发生过大的改变。到底是为什么，半导体能产生电能呢?

所谓半导体，指的是导电性处于易于传导电流的导体和不善于传导电流的绝缘体之间的一种物质。它具有在没有杂质的纯净状态下，导电性会变差的性质。于是，将其混入一些微量的特定元素（杂质）来提高它的导电性，可以加工成电子设备能够使用的材料。

根据混入的元素不同，就能制作出导电的电子较多或导电的电子较少、流动的空穴较多的材料。前者称为 N 型半导体，后者称为 P 型半导体。将 P 型半导体和 N 型半导体连接（结合）到一起的物质称为 PN 结，这是一种十分常见的半导体材料，广泛用于各种电子部件。

P 型半导体和 N 型半导体的连接部分中会形成空间电荷区，在这片空间里既没有电子也没有空穴。把光线照射到拥有空间电荷区的半导体上会发生什么呢？

电子和空穴会因光电效应而产生，从空间电荷区的电场中产生的电子会向 N 型半导体移动，空穴会向 P 型半导体移动，接通后就会产生电流，获得电能（图 4–9）。

不过，各位知道当太阳能电池上有电流通过时会发生什么吗？当被挤入 P 型半导体和 N 型半导体连接处的多余的电子和空穴结合的时候，就会放射出匹敌多余的电子能量的光。

其实这个正是发光二极管（LED）的工作原理。因为形状和用途都不同，大家可能会觉得很惊讶，但太阳能电池和 LED 本来就是工作原理相同、工作过程相反的“亲兄弟”般的存在。

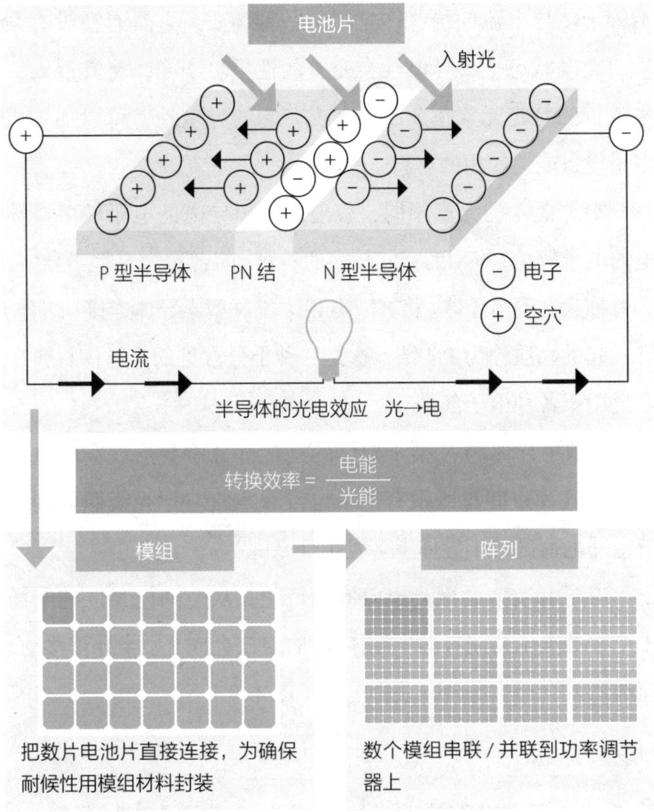

电池片

入射光

P 型半导体　PN 结　N 型半导体

电子

空穴

电流

半导体的光电效应　光→电

转换效率 = $\frac{\text{电能}}{\text{光能}}$

模组

把数片电池片直接连接，为确保耐候性用模组材料封装

阵列

数个模组串联 / 并联到功率调节器上

图 4–9　光照射到太阳能电池上产生电流的原理

太阳能电池板为什么是八边形的呢?

虽然所有的半导体都能作为太阳能电池的材料，但一般太阳能电池都采用硅作为材料。使用类似于镓化合物的特殊材料能更进一步提高发电效率，但现在使用镓等材料的越来越少。而使用硅这种地球上丰富存在的元素，可以以合理的价格来获取大量的电能。

表示太阳能电池性能的是光电转换效率。这个数值反映了在一定的太阳光量和面积之内能产生多少电量。据说使用硅元素的太阳能电池（硅太阳能电池），其理论上转换效率的上限为 29%。

现在用于硅太阳能电池的是叫作单晶硅和多晶硅的材料。单晶硅是种黑色的片状材料，它的光电转换效率为 21% 左右。多晶硅的颜色更偏向蓝色，从表面能看到它上面有很多朝向不同方向的晶粒在闪烁，光电转换效率为 17% 左右。

面向普通住宅的产品，会使用单晶硅和多晶硅两种材料，但因为发电性能好，使用单晶硅的产品占了主流。

用于普通太阳能电池的硅材料中虽然所含杂质的量等多少有些不同，但其性质和用于大规模集成电路（LSI）的并没有很大区别。LSI 需要纯度极高的精密材料，而太阳能电池并不要求那么高的品质。

小知识

因此，在太阳能电池产量较少的时期，在制作用于 LSI 的硅的过程中会把纯度未达标准或多余出来的用到太阳能电池上去。当时的太阳能电池确实是 LSI 等产品的半导体产业副产品，但现在已经有了太阳能电池专用的硅生产线。

单晶材料和半导体材料一样，为了达到高品质，首先制造出巨大的圆柱体的单晶硅锭。然后把它切割成薄片后再用于制造太阳能电池。如此制成的太阳能电池单元称为电池片（图 4–10）。

我们平时所看到的太阳能电池板都是由好多片这种电池片组合而成的，也叫作太阳能电池模组。一片电池片的尺寸是由硅锭的直径决定的，而现在为了尽可能使用更大的面积，所以切割掉把它加工成了八边形（图 4–11）。

为了大面积铺满电池片，本来正方形或长方形是最理想的，但把圆柱形的硅锭切成四边形之后，周围多余的丢弃部分会变多，使得利用率下降。于是便采用了不太会浪费材料的、铺满程度也比较理想的八边形。根据技术能力和产量，对于电池片的切割方法，各太阳能电池厂家都有各自保密的技术。

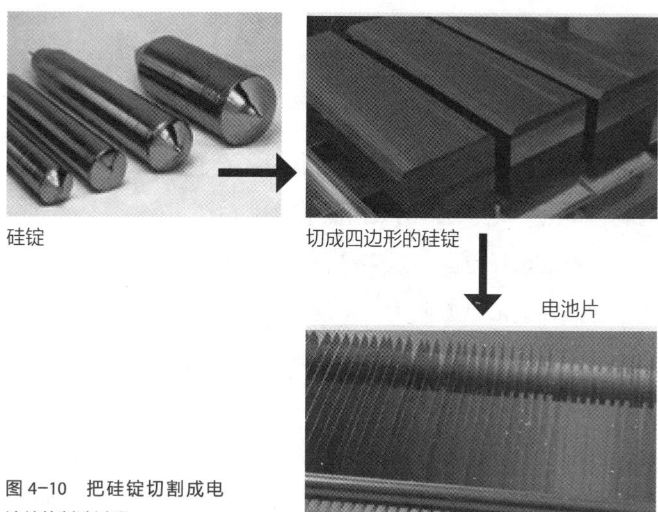

图 4-10　把硅锭切割成电池片的制造过程

图 4-11　加工成了八边形的电池片

单晶和多晶，应该选择哪种？

另外，虽然多晶硅和单晶硅不同，发电效率相对较低，但它能以低廉的成本制作出四方体硅锭。只要简单切割一下就能制作出一块四边形的太阳能电池片了。

材料是选择单晶还是多晶，可以从所使用的电池片是八边形还是四边形来判断（但最近也有些厂家重视发电能力，而选择单晶来制造四边形的电池片，所以这个判断方法并不适用于所有情况）。

如前文所述，使用硅锭来切割出电池片，在这一点上，无论是 LSI 还是太阳能电池都是一样的。但是切割之后的处理是完全不同的。

小知识

用于 LSI 的硅表面会磨得像镜子一样光滑。这是为了对硅板表面进行微细加工。

而太阳能电池用的硅不会做这种打磨处理，因为会在它的表面制作微细的凹凸构造。这样的形状可以让太阳能电池内部吸收入更多的光。如果表面处理得像 LSI 用的那样平整光滑的话，光就会发生反射而使吸入的光的量减少，最终造成发电效率较低（图 4-12）。

这种凹凸构造，单晶硅和多晶硅的制作方法是不同的。

图 4-12　电池片表面的凹凸构造

单晶硅会浸入药水中做蚀刻处理（让不需要的部分溶解从而除去的方法），这样能自然产生出随着晶体构造方向的立体结构，而多晶硅因为其结晶方向散乱，所以不适用这个方法。随着技术进步，现在即使是多晶硅，也能通过很好地制作电池片表面的微细凹凸构造来减少光的反射了。

综合目前介绍的关于材料的话题，不难猜想接下来要说的内容。

小知识

如果已经确定了太阳能电池的铺设面积，在其范围内要求更高的发电量的话，哪怕多花点钱也应该选择高效率的电池片（即单晶硅制成的材料）。

而多晶硅虽然发电效率不如单晶硅，但价格便宜。所以如果预算有限的话，和选择单晶硅的电池板相比，需要铺设更大的面积。

在宽阔的地方建造铺设大量太阳能电池板的发电厂时，大多都采用以多晶硅为材料的太阳能电池板。

其实太阳能发电设备不耐高温

之前的话题都围绕着太阳能电池板的材料。从这里开始让我们把视线转移到整个太阳能发电系统上来。

太阳能电池上都标有一个标称功率值。这个值表示“使用多少块、输出功率为多少瓦的太阳能电池板，在太阳能电池板温度为25℃的环境中，晴天受到日光基本直射时能输出多少功率”。

太阳能电池板的数量会影响这个数值，除此之外，它也会受到气候和气温的影响，所以实际的输出功率会小于标称功率。尽管如此，因为毕竟是在同一个系统内公平地进行性能比较，因此这个数值还是极其有用的。

小知识

对于发电系统的输出功率来说，温度的影响非常大。并且主要是太阳能电池板受到温度的影响。因为作为太阳能电池材料的半导体具有随着温度上升性能会下降的特点（图4-13）。

普通太阳能电池，电池板温度从作为标称测定温度的25℃开始，每上升10℃，输出功率就会降低5%。请想象一下

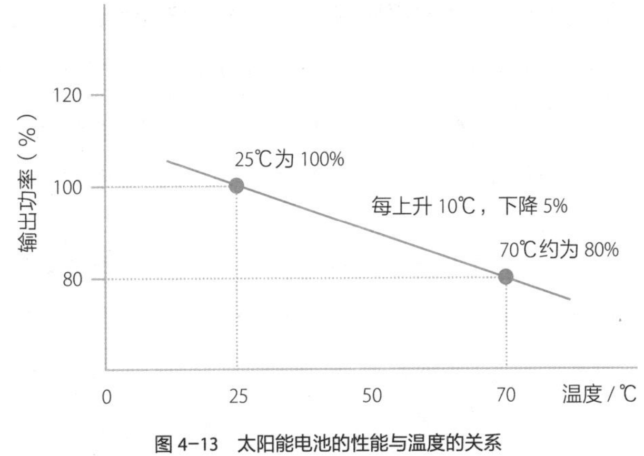

图 4-13　太阳能电池的性能与温度的关系

夏天放在室外的汽车的发动机盖子。同样道理，长时间处于日光直射的环境里，太阳能电池也很容易发热。安装在屋顶的太阳能电池，在夏天时电池板的温度甚至能达到 70℃。

这样的话，太阳能电池的输出效率当然会下降。最坏的情况下，因为太热而导致输出功率相比标称功率下降 25% 都是有可能的。通过增加电池板，虽然能低成本地保持输出功率不变，但输出功率因温度而大幅下降时，现实情况往往是和使用少量输出功率下降幅度较小的电池板的系统相比，这种系统的最终输出功率还是降低了。

随着温度上升功率会下降的情况也会因电池板的构造

和材料的不同而有所不同。松下电器的太阳能发电系统的设计使其产品因温度上升所导致的输出功率下降的情况与其他公司的产品相比幅度较小（图 4-14）。太阳能发电系统是长期使用的设备，这样的差距对最终的总发电量的影响绝对不小。

对于太阳能发电系统的发电效率，即光电转换效率的高低，电池片组装成模组时的技术能力会产生很大影响。这里介绍一项具有代表性的技术。

不言而喻，确保光被充分地导入电池片的技术是极其重要的。

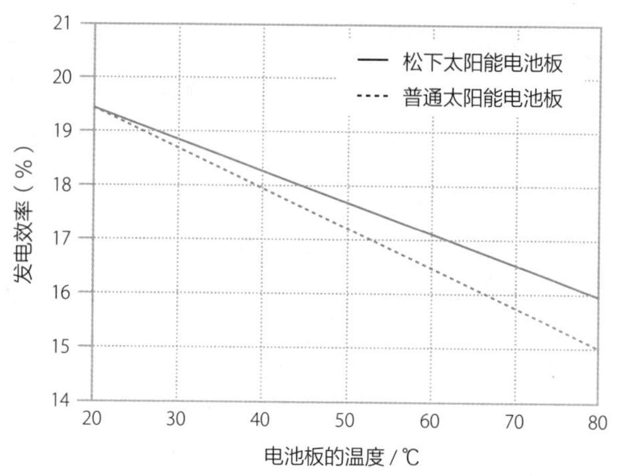

图 4-14　减轻温度对太阳能电池板发电效率的影响

在太阳能电池板里，为了保护太阳能电池片不受灰尘或风雪的侵袭，在其表面盖着一块玻璃罩。一旦玻璃表面反光，进入电池片的光的量就会锐减。因此，在玻璃表面进行了叫作减反射膜的特殊涂层的处理（图 4–15）。减少了反射光，就能将更多光导入内部，从而提升光电转换效率。

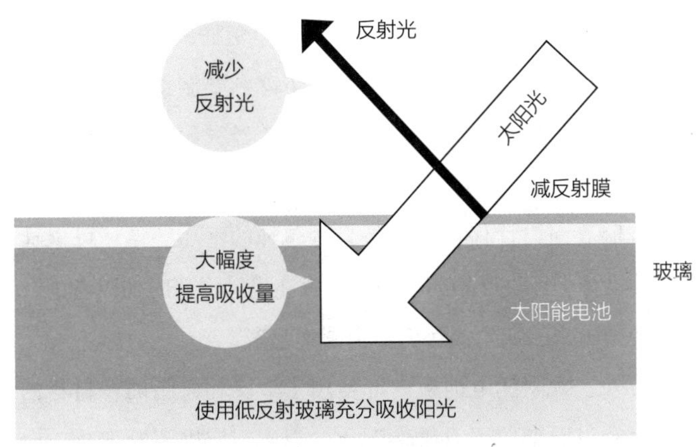

图 4–15　减少反射光的减反射膜

多数电池都是通过化学反应来产生电能，而电能一旦产生，反应剂就会损耗，发电能力也会变弱，产品寿命便即将终结。但是太阳能电池片只要满足特定的环境条件，理论上

就不会发生损耗，能够半永久地使用下去。之所以说对太阳能电池设置一次，就能 20 年、30 年地持续用下去正是这个原因。

但要说实际能不能半永久地使用，答案是否定的。

就算太阳能电池片本身不老化，包括输送电能的配线在内的周边部件的性能也会因为长期使用而降低性能。比如保护太阳能电池片的玻璃长期处于室外会变脏，表面变得模糊不清，之后就会直接导致发电效率下降。要制造出性能更优异的太阳能发电系统，必须得设计一套经久耐用的太阳能电池板。

玻璃表面设计保证了如果只是单纯的污垢的话，可以让雨水冲刷掉，有些产品的玻璃还特意在设计形状时加以考虑，使得冲刷出来的灰尘或污垢不会聚集起来。

另外，太阳能电池板内部使用了金属和树脂两种材料的部件。经过长期置于日晒情况下，温度、湿度不断变化，金属会生锈，起固定太阳能电池板内部的电池片作用的各种树脂材料也有可能因为高温或紫外线照射而老化。各家生产商都在如何选择耐温耐湿、耐热又抗紫外线还不易老化的材料方面，不断反复尝试着。

再次强调，太阳能电池板是可以使用很长时间的。特别是普通家庭，作为重要家居设施持续使用小 30 年是没问题的。

耐久性自不必再多说，发电效率也是使用时间越长，受相关因素的影响越多。另外，和后面会介绍的家庭能源管理系统（Home Energy Management System, HEMS）协作使用也是必要的。

各位在选购太阳能电池时，记得不要只根据眼前的价格来选择，而是要彻底弄清什么样的产品才是适合自己家里的，然后再选购最合适的产品。

17

家庭能源管理系统

家庭用电情况的“管家”

2015 年

正如大家通过本书所看到的，在我们的家里，其实存在着各种各样的家电。各类产品都是从节能的角度加以不断改良而来。但是想要更高效地使用电能，显然需要在全盘考虑家里所有设备的耗电量的基础上，从中找到平衡点。

这样的能源管理系统简称为 EMS（Energy Management System），其中面向家庭的家庭能源管理系统简称为 HEMS（Home Energy Management System）。

使耗电量扁平化的构想

HEMS 逐渐成为现代家庭的必需品，这有越来越提倡节能的原因，但同时，也有越来越重视耗电量扁平化的原因。耗电量扁平化指的是什么呢?

比如说晚饭时，耗电量高的烹饪用家电会同时开始工作，由此便会使耗电量上升。这时，一旦再同时打开空调或热水器，耗电量就会变得更大。夏天的时候，尤其是气温升高的下午一点左右，家庭和办公室的空调耗电量都会达到峰值。

耗电量如此极端地增加，如果只有一户人家那还好，如果整条街上的家庭都同时这样，将会给电力网络造成非常大的压力。

在 2011 年东日本大地震引发的福岛第一核电站事故发生之后，以东日本地区为中心的一片区域都陷入了电力供应严重不足的状态。特别让人担心的是在用电高峰时会不会发生电力供应不足的情况。

并不只是单纯的电力供应不足，因耗电量极端增加而产生的负荷会对电力网络造成很不好的影响，有可能会导致大规模停电，即所谓的断电（blackout）。由于日本电力网络的品质高、稳定性好，才基本不会导致大规模停电，这多亏了以电力公司为主的、参与基础设施开发的工作人员的努力。在目前的情况下，不仅不可以无底线地增加耗电量，而且采取措施分散用电时间段也已经迫在眉睫。

但可惜的是，只要不使用蓄电池，就无法高效地储存电能。所以，只能以电力会时常被大规模消耗为前提，整理出一套机制，来调整各种用电设备的耗电行为。这时所需要的就是EMS和HEMS。

 太阳能电池和二人三足比赛

尤其是现在，HEMS越来越受到重视的原因之一是前文所介绍的太阳能电池的普及。以前，普通家庭中不存在发电设备。但随着太阳能电池的问世，同时使用家庭发电设备供应的电能和电力网络所供应的电能的情况越来越多。

没有太阳光的夜晚时段使用电力网络供应的电能，白天以使用太阳能电池供应的电能为主，不够的部分可以从电力网络调剂，进行分担作业。反之，如果发电量超过了家庭内的需求，也可以把多余的电能有偿提供给电力公司。

家庭电力供应源在今后会趋向于多样化，估计除了现在常见的太阳能电池，将燃料的化学能直接转换为电能的燃料

电池也会得到普及。

此外，从2016年开始电力零售实现了自由化。以前，可以签约的电力公司都是根据自己所居住的区域来决定的，但从2016年4月开始，消费者在某种程度上能够自由地选择从哪家电力公司购买电能。这也是家庭电力供应源多样化的项目之一。

伴随着电力零售自由化，各个家庭安装的电表置换成了智能电表。在未来也有望和 HEMS 进一步协作。

在这样的背景下，由于将多样化的电力供应源引进了家庭，能在时时刻刻的变化中对“电量使用了多少”“发了多少电”“向电力网络提供了多少电能”进行管理和控制的机制变得必不可缺。HEMS 就是响应这个需求的系统。

让电力可视化，避免浪费

说一句“管理”很轻松，其中却存在各式各样的阶段。HEMS 首先要实现的就是电力可视化。

我们平时都是在完全没有意识到家里使用了多少电量以及什么时候使用的状态中生活着的。都是在电费账单送到的时候才会明确意识到用了多少电。如果可以及时知道用了多少电，那么节约意识自然而然就会加强了。

因此，HEMS 中第一步导入的就是电力监测仪（图 4–16）。根据一般财团法人节能中心的调查，通过设置这种监测设备，耗电量相比去年同期平均下降 11%。只从数字就能看出节能效果。

小知识

以前的电力监测仪通常都埋在室内墙壁里。现在则更进一步，通过家庭内的网络，可以使用各种设备来进行监测。能通过智能手机或平板电脑来查看，也能在电视屏幕上确认。

特别是在新住宅里，越来越多的家庭把网络同时组装进电源插座，电力可视化正在深入地走进我们的生活。

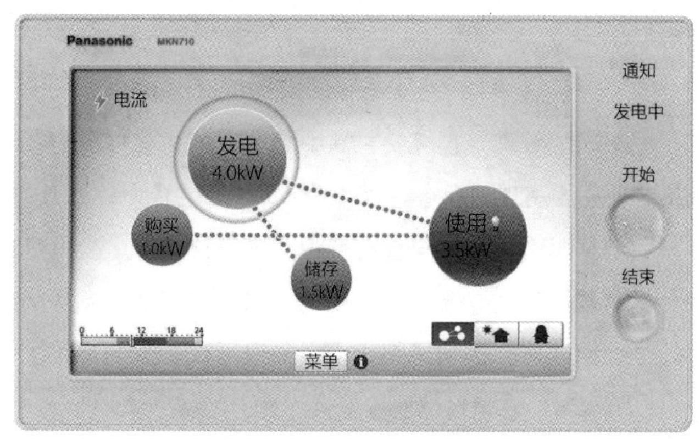

图 4–16　HEMS 的电力监测仪

使用配电盘来确认家电的工作表现

HEMS 是怎样实现电力可视化的呢?

有一个大前提，就是必须切实掌握各台用电设备用了多少电。但是现在的家电产品都没有内置发送各自耗电量的元件，所以必须有一种元件来感知这些信息并进行控制。

在新住宅里，有一种简单探知用电情况的方法，就是安装智能电源板。它是一种通过将具有监测耗电量和网络控制功能的设备连接到电源插座，从而实现电力可视化的设备。

使用这种设备，即便家电本身不会传达耗电量，也能通过智能电源板来了解耗电量，既有不需要施工，故而成本很低的优点，也有只能监测连接到这种电源板上的设备的缺点。

为了应对这个问题，松下电器使用叫作 AiSEG 的 HEMS 核心设备和配电盘，研发出了一款支持 HEMS 的家庭配电盘产品——智能宇宙（图 4–17）。

另外，配电盘是一种将漏电保护器等各种保护器集中到一起的设备，在每个家庭中都必定存在。屋内所有的插座和电热水器都连接在配电盘上，通过配电盘能掌握用电情况，从而了解屋内设备的用电状态。

图 4-17　智能宇宙

通过使用内置了电流传感器的配电盘产品智能宇宙，最多可以可视化 49 条线路。智能宇宙的特点是：①通过事先内置分支电流传感器简化了施工；②门盖可以水平装卸，安装方便；③因为内置了 AiSEG 无线适配器及周边设备，能节约安置空间等。

如果是已建成很久的住宅，可以通过把监测单元安装入现有的配电盘内，实现支持 HEMS。

此外，通过 AiSEG，不但能在智能手机或平板电脑上掌握电量的使用情况，还能了解燃气和水的使用量，以及空气的污染指数、温度和湿度等空气环境信息。

省电的“三大神器”

目前为止，并不是所有的家电产品都完全支持 HEMS。因此，必须通过 AiSEG 等来了解耗电量，防止用电过多。

对于特别耗电的家电产品，比如空调、电磁炉和电热水器等，都能通过 HEMS 的控制实现轻松省电。

小知识

其实像电视机（LED 型）或电脑这样的家电产品耗电量并不是很高。即便是功率很高的电视机功率也不过 100~200W。与之相对，空调、电磁炉和电热水器这三种家电是耗电量比较多的。

比如空调，在刚开启制暖的一瞬间必须消耗很多电量，而一旦室温达到目标温度后，便会回落到平稳的电量，但是如果反复进行温度调节的话，就会对耗电量产生很大的影响。电磁炉即便在平稳使用过程中，功率也高达 2000W。

把包括空调在内的这三种家电进行集中管理，能够极大地改善电力的功耗。比如可以把家里的空调设置成运行 30 分钟后自动节能改变温度，用电磁炉做菜的时候，根据整体的耗电情况，自动控制温度以防止过量用电等。通过电热水器烧水时也是如此，专门设置在耗电量低的时段进行，此类情况不胜枚举。

另外，还能通过判断整个家庭的耗电量，自动控制照明设备来省电。

要进行这些控制，除了需要掌握用电信息，还得有能安全地控制各台设备的系统。在日本，有专用于此的通信协议“ECHONET-Lite”。和 AiSEG 一起协作时，各台设备之间不但可以有线连接，还可以无线连接。特别是空调，有些空调的安装位置难以铺设通信线缆，遇到这种情况就使用专用的无线通信来联通各台设备。

当汽车变成家电的那一天

松下电器的 HEMS 除了让电力可视化，还让空气环境变得可视化。

随着空气净化器的普及，人们越来越重视去除室内灰尘，改善室内空气环境，不过实际上房间里的空气状态如何，真的能够完全为人所知吗？

通过和温湿度传感器协作，HEMS 能够确认室内外的温度和湿度。如果 HEMS 和装在顶棚的空气净化器协作的话，还能根据室内灰尘、PM2.5 以及气温的情况等来检查室内的空气洁净情况，如此一来，对孩子的健康管理也十分有用（图 4–18）。

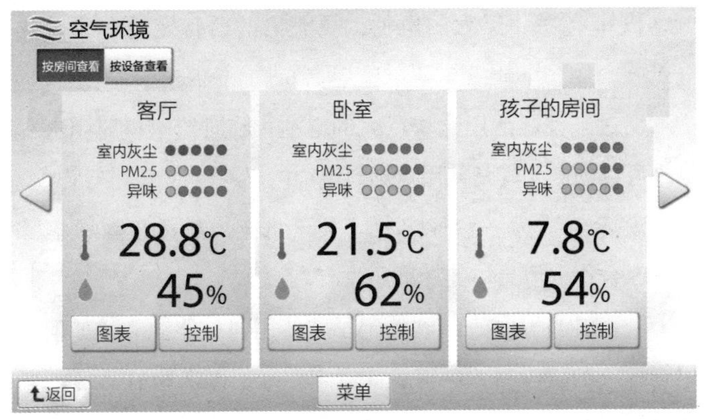

图 4-18　空气洁净程度也可视化

小知识

通过使空气环境可视化，除了能完全发挥空气净化器的作用，还能在出门前帮助选择服装等。这样就不会发生由于室内比室外温暖，穿少了出门，到外面觉得冷等情况了。

在电力和空气环境可视化的基础上，控制各台家电也是 HEMS 的功能之一。松下电器的 HEMS 可以通过显示器或智能手机在家里任何一个地方控制照明设备或电动百叶窗，空调也可以在外出时进行控制。可以协作的家电以后应该会越来越多。

不过，作为今后会给家庭生活带来巨大冲击的家电，可以考虑汽车。有些电动汽车也能使用家里的电源进行充电。

电动汽车有一块巨大的电池，要充电的话肯定需要大量的电能。

反过来说，活用这块巨大的电池，临时给家里充当电源也是可以的。尤其是使用氢燃料电池的燃料电池车（FCV），非常有希望成为一台发电机。关于汽车，虽然正在考虑和HEMS 合作，但具体的标准还没有。

未来，当汽车进入到确定了“使用何种能源”“如何利用能源”的阶段时，应该就能制定标准，谋求和 HEMS 的紧密协作了吧。

结束语

一路为大家介绍了处于制造业前沿、各种“巧妙设计”不断反复出现的家电产品，现在本书终于要临近尾声了。

本书介绍了 14 种家电产品，虽说只有“家电”两个字，但确确实实感到这是一个包括了多种多样的产品的词。这些产品无论是功能还是形态都不同，只有一个共通的地方，那就是以电能作为工作能源。

家电的工作方式一般以发热、移动、发光等要素为主。本书对家电的协同工作，即借助家庭能源管理系统实现节能、高效地工作也进行了介绍。

本书中虽然不涉及个人电脑或智能手机等 IT 设备，但不是说这些设备就不属于家电，只是本书没有选列其中。

使用家电 = 消耗能源。随着节能意识的提高，现在浪费能源已经是绝对不被允许的了。

在家电中要控制的要素加速增长的背景下，除了要提高家电所承担的工作的质量之外，为了减少能源消耗，还必须实施更加精确的控制。把家里所有的家电相互连接到一起进行控制的 HEMS（参考第 262 页）之所以受到关注，原因就是一台一台分别控制的话，能做到的事情实在有限。

不过我得说句“但是”。

节能当然是非常重要的事，但是也有一件事不容忽视。那就是仅仅因为节约和控制技术这两方面的影响，曾经新式家电问世时我们激动不已的心情如今已经完全没有了。

今后是各式各样的能源都会进入到家庭的时代。最终能提供电能的，也许不仅有家用燃料电池、大型蓄电池、太阳能电池以及电动汽车电池，应该还有数种能源吧。要简单且高效地使用这各种各样的能源，高精度的控制技术是必不可少的。

HEMS 绝对不是让我们心潮澎湃的管理系统，但却是新时代中不可缺少的存在。

在今后家电的发展过程中，控制技术的应用不能只减少生活中的浪费，还应该给我们带来更有趣、更滋润的生活。

比如烹饪用家电，只是价格低廉，并不能提高销量。因为要同时满足可以做更好吃的饭菜、减轻劳动负担、节能这三方面的要求，只有具备高度控制性能的最新的高端产品才能胜任。其实在本书的选材过程中就发现一个让人惊讶的事实，越高级的电饭煲（价格在 10 万日元以上的）越受人欢迎。

其实即便具备了很多复杂的功能，也不可能每天都会用到。多功能在某种意义上来说一直是一种美德，但现在更希望在此基础上实现操作也简单。恐怕只有能够同时满足“高端”和“简单”这两种相互矛盾的要求的巧妙设计，才能说是真正实现了控制技术的价值吧。

从为本书调研而见面的多位技术人员身上，我都能感受到这种精神。

我们这些使用家电的人是会觉得“不过就是个工具，差不多就行了”，还是会觉得“正因为是工具，希望还能继续发展得更好”呢？可以说家电的发展正处于一个十字路口。各种家电应该会朝着相互促进提升价值的方向前进，这对于家电今后的发展来说，应该是最重要的。